Helmut Stallknecht

Hundert Tips für Aquarianer

Helmut Stallknecht

Hundert Tips für Aquarianer

VERLAG J. NEUMANN-NEUDAMM
MELSUNGEN · BERLIN · BASEL · WIEN

Farbfotos: H.-J. Richter, Leipzig

1. Auflage 1978
Lizenzausgabe des Verlages J. Neumann-Neudamm,
Melsungen aus dem © Urania-Verlag Leipzig/Jena/Berlin
Verlag für populärwissenschaftliche Literatur, Leipzig

Printed in the German Democratic Republic
Satz und Druck: Gutenberg Buchdruckerei Weimar
Buchbinderei: LVZ-Druckerei Leipzig
ISNB 3-7888-0280-4

Inhalt

Zur Einführung

Zu keiner Zeit waren Aquarien weiter verbreitet als heute, und es wächst die Zahl der Menschen, denen die Beschäftigung mit einer gut gestalteten Unterwasserlandschaft und dazu passenden farbenprächtigen Zierfischen zum Bedürfnis wird. Es ist dies eine Folge der gewachsenen Ansprüche an eine kultivierte Wohnsituation, besonders aber eine Folge der Tatsache, diese Ansprüche auch befriedigen zu können. Da heute in einem gut eingerichteten Wohnraum ein Aquarium nicht nur nicht stört, sondern bei entsprechender Gestaltung diesen Raum mit einer ganz besonderen Art von Leben erfüllt, setzen manche auf höherem Niveau die als Kind begonnene Aquarianerlaufbahn fort oder realisieren als Erwachsene unerfüllt gebliebene Kinderwünsche. Dadurch gab es aber auch noch niemals so viele Anfänger wie in unseren Tagen.

Nun gibt es das, was wir heute Aquarienkunde oder Aquaristik nennen, schon etwa seit dem Beginn unseres Jahrhunderts. Eine besonders in den letzten 20 Jahren gewachsene Zahl von Spezialisten hat sich mit den Gesetzmäßigkeiten dieser Liebhaberei befaßt, und in Standardwerken wurde eine Unmenge von Faktenmaterial zusammengetragen, vor dem der Anfänger, der doch nur das in seinem Wohnzimmer stehende Aquarium, eben nur *seine* Zierfische und *seine* Wasserpflanzen gut pflegen möchte, zunächst etwas hilflos steht. Auch die Fachzeitschriften, als Periodika besonders mit der aktuellen Kenntnisformung befaßt, widmen mehr Raum der Spitzendebatte um gegenwärtig (meist Experten) bewegende Probleme der Artzugehörigkeit, der Verhaltensforschung, der Zucht — als den Grundproblemen, vor denen jeder Anfänger steht.

Im Ergebnis jahrzehntelanger Tätigkeit auf den verschiedensten Gebieten in der Aquarienkunde und um die Aquaristik herum wurde und werde ich fast täglich mit eben jenen Fragen konfrontiert, die dem Anfänger wichtig sind. Viele solcher Fragen werden oft ohne Zusammenhangsbezug gestellt, d. h., es wird nach einer Erscheinung gefragt, ohne daß gleichzeitig die Ursache oder die Folge von Veränderungen dieser Erscheinungen berücksichtigt wird. Nun stellt aber jedes Aquarium ein in vielen Dingen zusammenhängendes System dar, dessen *von uns* angerichtete Fehler ständig der Korrektur bedürfen. Die Fehlermöglichkeiten sind um so häufiger und um so vielschichtiger, je mehr Elemente in diesem System eine Rolle spielen; einfacher ausgedrückt: Je verschiedenartiger der Fischbesatz und die Pflanzenzusammenstellung eines Aquariums sind, desto weniger erfüllt das sich dort einspielende biologische System die Anforderungen all der dort versammelten Arten.

Ich bin deshalb von diesen Elementen ausgegangen, die als Bestandteil oder als Vorgang im Aquarium eine Rolle spielen, und habe, von der Nennung dieser Elemente ausgehend, versucht, deren Zusammenhänge in leicht faßlicher Form darzustellen. Eine Folge dieser Darstellungsweise ist die gelegentliche Wiederholung von Fakten. Das kann nicht anders sein, wenn sich eine richtige Forderung von verschiedenen Seiten her begründen läßt.

Zwar gibt es viele Regeln für die Aquaristik, aber keine Rezepturen. Das gerade macht ja die Beschäftigung mit Zierfischen und Wasserpflanzen so spannend und interessant, gleichgültig, welche Fischarten oder welche Wasserpflanzen Sie gerade bevorzugen. Auch die heutigen Experten haben einmal mit Versuch und Irrtum begonnen, und der Weg zu Erfahrungen ist auch auf dem Gebiete der Aquarienkunde mit Fehlern gepflastert, aus denen man gelernt hat. Eine Reihe gravierender Fehler soll Ihnen dieses Büchlein vermeiden helfen — das ist mein Anliegen.

Was braucht der Anfänger? Erfolgserlebnisse! Und die wünsche ich Ihnen.

Berlin-Malchow, Januar 1978 Helmut Stallknecht

Aquarienbau – Aquarientechnik

Aquarien Bei der Anschaffung eines Aquariums muß zuerst Klarheit über Größe und Abmessungen bestehen. Dabei wähle man stets das größtmögliche Maß, weil die sich ansammelnden Schmutzstoffe in einer größeren Wassermenge verdünnt werden und es bei gleicher Belastung länger dauert, bis eine gefährliche Konzentration erreicht ist. Meist wird der Fehler gemacht, zunächst mit einem kleinen, oft mit einem sehr kleinen Aquarium zu beginnen. Anfängeraquarien sollten nicht unter 50 cm Länge und nicht unter 40 l Wasserinhalt haben.

In den Fachgeschäften des Zoohandels sind im allgemeinen Aquarien in den folgenden Abmessungen erhältlich:

50 × 30 × 30 cm
60 × 35 × 30 cm
70 × 40 × 35 cm
80 × 40 × 40 cm
100 × 45 × 40 cm
120 × 50 × 50 cm

Je nach Herstellbetrieb können die Maße, die hier in der Reihenfolge Länge × Höhe × Breite angegeben sind, in den Standardgrößen um ± 5 cm differieren.

Was der Käufer aber unbedingt berücksichtigen sollte, ist das mit diesen Abmessungen verbundene Gewicht, wenn das Aquarium mit Wasser gefüllt ist. Schon das kleinste hier angegebene Aquarium hat bei 45 l Inhalt allein 45 kg reine Wassermasse und ist damit für ein durchschnittliches Fernsehtischchen oder ein Brett im Leiterregal zu schwer. Das größte hier angegebene Aquarium erreicht immerhin sechs Zentner Wassermasse bei einer Grundfläche von 120 × 50 cm; bei einem Klavier älterer Bauart verteilt sich die gleiche Last auf die doppelte Fläche. Das sind einige Gesichtspunkte, die unbedingt berücksichtigt werden müssen, wenn Sie sich zum Kauf eines Aquariums entschlossen haben.

Andererseits muß auch davor gewarnt werden, sich die Rahmen für ein Gestellaquarium von einem Bekannten anfertigen zu lassen, der nicht mit der erforderlichen Genauigkeit an diese Arbeit herangeht. Immerhin gibt es an einem solchen Aquarium insgesamt 24 rechte Winkel, die miteinander in Beziehung stehen und einwandfrei bearbeitet sein müssen, da sonst die Gefahr von Scheibenbrüchen besteht und sich die teilweise doch beträchtliche Wassermenge in Ihre Räumlichkeiten ergießt, gewöhnlich aber nicht dort verbleibt, sondern auch bei den Mietern unter Ihnen großen Schaden anrichten kann.

Diesem Problem geht man am sichersten dadurch aus dem Wege, daß man grundsätzlich ein Aquarium kauft, für dessen einwandfreie Herstellung sowohl die Zoologische Handlung als auch der Herstellerbetrieb haften. Es sei also ausdrücklich noch einmal vor »Bastelarbeiten« gewarnt!

Neben Rahmenaquarien sind im Fachhandel auch Vollgläser und geklebte Aquarien erhältlich. In jedem Falle sollte man geklebten Aquarien den Vorzug geben, da die Vollgläser, durch die Art und Weise ihrer Herstellung bedingt, niemals einwandfrei ebene Glasflächen besitzen, die Fische oft verzerrt darstellen und, da sie stets unter einer gewissen Eigenspannung stehen, mitunter ohne ersichtlichen Grund springen können.

In den letzten Jahren ist durch ein neuartiges Verfahren die Herstellung geklebter Aquarien mit einem Silikon-Kautschuk-Kleber möglich geworden. Mit einiger Übung gelingt es auch dem wenig in der Glasverarbeitung bewanderten Laien, sich aus kleineren Glasscheiben Absatz- und Zuchtbecken selbst herzustellen. Es muß nur darauf geachtet werden, daß diese Becken aus genügend starkem Glas angefertigt werden, die Kanten einwandfrei geschnitten und sauber abgeschliffen sind. Der Kleber ist überall im Handel zu haben, und die Verbindung ist nach 48 Stunden so fest, daß auch nach jahrelanger Benutzung ein solches Aquarium bei Stoß oder

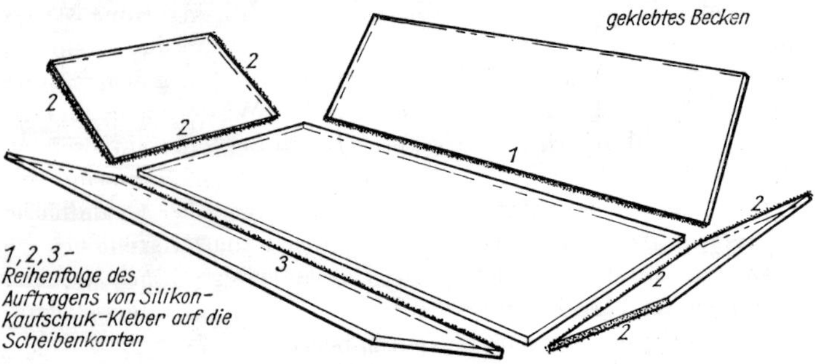

1, 2, 3 – Reihenfolge des Auftragens von Silikon-Kautschuk-Kleber auf die Scheibenkanten

Schlag eher im Glas als an der Klebestelle bricht. Die Abmessungen solcher geklebter Aquarien sind abhängig von der Dicke des zur Verfügung stehenden Glases. Zur Stabilisierung können an der Oberkante weitere Glasstreifen angeklebt werden, um ein Ausbauchen bei Wasserfüllung in möglichst geringen Grenzen zu halten.

Der Vorteil dieser geklebten Aquarien besteht neben dem guten Aussehen darin, daß keinerlei Korrosionsschäden auftreten, mit denen man bei Rahmenaquarien oft schon nach kurzer Zeit viel Ärger haben kann. Besonders gefährdet ist dabei die obere innere Rahmenkante, die unter den extremen Feuchtraumbedingungen innerhalb kürzester Zeit stark verrostet. Man kann dies hinauszögern, indem man nach dem Kauf eines solchen Rahmenaquariums diese innere Rahmenkante von der meist verwendeten Nitrofarbe befreit, sie mehrmals mit einem Penetriermittel einstreicht oder mit Chlor-Kautschuk-Farbe in mehreren Schichten behandelt. Die angegebenen Mittel sind nach dem Abtrocknen absolut giftfrei und bilden keine Gefahr für Wasserpflanzen und Fische. Es dauert zwar dadurch vielleicht zehn Tage länger, ehe Sie Ihr Aquarium einrichten können, aber Sie haben es dadurch möglicherweise fünf Jahre länger.

Es ist, falls man den Winkelstahlrahmen beibehalten möchte, auch möglich, die Glasscheiben — entsprechend zugeschnitten — in den Rahmen einzukleben. Man verwendet dazu den gleichen Silikon-Kautschuk-Kleber. Um die erforderliche Distanz der Scheiben zum Eisenrahmen zu gewährleisten, setzt man 24 Stunden vor dem Einkleben einer Scheibe in 5 — 8 cm Abstand etwa gleichgroße Tropfen. Wenn sie federnd festgeworden sind, zieht man dazwischen die Klebenaht und läßt durch Verkanten des Rahmens die Scheibe durch Eigengewicht kleben. Nach einem Tag kann die zweite folgen usw. Auch hier hat sich die Reihenfolge — Bodenscheibe, Frontscheibe, Rückwand, Seitenscheiben — am besten bewährt. Wenn die Scheiben fest sitzen, werden die Lücken verfugt. Nach zwei Tagen kann mit einem scharfen Messer, am besten ist ein Küchenmesser, dessen Spitze man abgebrochen und dessen Bruch man über die gesamte Breite angeschliffen hat, sauber abgeschnitten und verputzt werden.

Schließlich sollen noch einige Überlegungen zur Standortwahl des Aquariums folgen. Während in älteren Ratgebern der Aquaristik noch das Aufstellen des Aquariums in unmittelbarer Fensternähe empfohlen wird, macht uns die heute mögliche künstliche Beleuchtung unabhängig vom Tageslicht. Überschätzen Sie das in Ihren Räumen ankommende Tageslicht in seiner Wirkung für Ihre Aquarienpflanzen nicht allzusehr. Einmal wird es an den Fensterscheiben gebrochen und durch die Gardinen stark gedämpft. Zum anderen trifft das dennoch ankommende Licht dann erst einmal auf die Glasscheibe des Aquariums, wird wieder zu einem erheblichen Teil reflektiert, und der ankommende Rest reicht einfach nicht aus! Um eine künstliche Beleuchtung kommen Sie ohnehin nicht herum, stellen Sie daher das Aquarium ruhig in die dunkelste Ecke des Raumes — es wird dort sogar am besten zur Geltung kommen.

Legen Sie auch Wert darauf, eine Steckdose in unmittelbarer Nähe des Aquariums zu installieren. Sie brauchen drei Elektroanschlüsse für Ihr Aquarium: Heizung, Durchlüftungspumpe und Beleuchtung müssen einfach und übersichtlich angeschlossen werden können. Die handelsüblichen Schuko-Dreifachkupplungen an einer Verlängerungsschnur sind hierfür sehr geeignet.

Abdichten Auch ein neuerworbenes Aquarium kann durch den Transport bedingte, äußerlich nicht sichtbare kleine Mängel in der Abdichtung aufweisen. Das kann durch Erschütterungen oder durch das Nach-Innen-Drücken der Scheiben beim Tragen geschehen. Dafür kann der Hersteller nichts, und auch die Verkaufsstelle ist schuldlos.

Da ein solches Aquarium noch nie längere Zeit mit Wasser gefüllt gestanden hat, ist die Verbindung zwischen Scheibe und Kitt noch nicht fest genug. Man kann sich viel Ärger ersparen, wenn man grundsätzlich jedes neue Rahmenaquarium zunächst erst einmal an einem Ort, der durch ein bißchen auslaufendes Wasser nicht allzusehr gefährdet wird, mit warmem Wasser von etwa 40 bis 50 °C füllt und ein paar Stunden stehenläßt. Durch die Wasserwärme wird der Kitt geschmeidig, und der Innendruck bewirkt eine vollständige Abdichtung.

Zur Reklamation sind Sie allerdings berechtigt, wenn Sie beim Kontrollieren der inneren Rahmenkanten Luftblasen im Kitt feststellen, aber das können Sie ja bereits in der Verkaufsstelle prüfen.

In der gleichen Weise sollte man auch mit Aquarien verfahren, die schon in Betrieb waren und die man gebraucht übernommen hat. Grundsätzlich die inneren Rahmenkanten überprüfen und besonders auf schwarze Stellen im Kitt und auf Luftblasen achten! Vorsicht ist auch immer geboten, wenn der Kitt schon sehr hart ist und sich mit dem Fingernagel nicht eindrücken läßt. Krümelt er gar beim Ritzen mit dem Fingernagel ab, so übernehmen Sie das Becken nicht. Solcher Kitt ist auch durch Einfüllen warmen Wassers nicht mehr geschmeidig zu machen. Hier hilft nur völlig neues Verglasen mit frischem Kitt.

Der vielseitig verwendbare Silikon-Kautschuk-Kleber kann aber auch hier eingesetzt werden: Man dichtet alle Innenfugen mit der Paste ab, wartet etwa zwei Tage und kann, nach einer Wasserprobe, auch ausgesprochene Oldtimer wieder verwenden, ohne den alten Kitt mühsam entfernen zu müssen.

Häufig werden elementare Fehler beim Aufstellen von Aquarien gemacht, wenn z. B. die Unterlage nicht stabil genug gewählt wird und sie sich im Laufe der Zeit verzieht. Besonders bei großen Aquarien mit beträchtlicher Wassermasse kann es dann passieren, daß der Rahmen durch die entstandene Unebenheit nachgeben muß und im Glas Spannungen entstehen, die oft bei geringem Anlaß zum Bruch einer Scheibe führen. Es ist daher immer gut, sowohl die Unterlage als auch die unmittelbare Stellfläche gegen Veränderungen abzusichern. Je größer das Aquarium ist, desto sorgfältiger muß der Aufstellungsort auf Belastbarkeit geprüft werden. Aquarien, die eines Tages zu laufen beginnen, stehen entweder nicht oder nicht mehr waagerecht, obgleich sie einmal so aufgestellt wurden. Prüfen Sie also von Zeit zu Zeit, ob sich die Tischplatte, die Kommode oder gar ein Dielenbrett verzogen oder abgesenkt hat, und gleichen Sie das rechtzeitig aus.

Deckscheiben Aus den verschiedensten Gründen sollte ein Aquarium gut abgedeckt sein. Vor allem sollen die Fische am Herausspringen gehindert werden. Manche Arten der Eierlegenden Zahnkarpfen, wie überhaupt die meisten Oberflächenfische, sind hervorragende Springer, die bei der geringsten Beunruhigung versuchen, nach oben zu fliehen. Aber auch alle anderen Arten erschrecken leicht durch das Einschalten des Lichtes, eine zuschlagende Tür, ein nachts vorbeifahrendes Kraftfahrzeug mit starken Scheinwerfern usw., so daß man ständig damit rechnen muß, daß Fische springen. Man vermeide es, die Deckscheiben auf den Rahmen zu legen. So gut ist kein Aquarium gegen Rost geschützt, daß sich nicht bald durch das sich absetzende Schwitzwasser Rostflecken bilden. Vielmehr sollte die Deckscheibe passend in die Öffnung eingefügt werden, wobei je nach Art der verwendeten Deckscheibenhalter 2 bis 3 mm bis zur Rahmenkante offenbleiben. Deckscheibenhalter aus Plastmaterial sind metallischen vorzuziehen. Man bringt sie so an, daß die Scheibe nach hinten etwas abfällt. Das entstehende Kondenswasser kann dadurch gut ablaufen.

Ein weiterer Grund, zur Deckscheibe zu raten, besteht darin, daß sich im Beleuchtungskasten während der nächtlichen Abkühlung nicht unerhebliche Mengen von Kondenswasser auch auf stromführende Teile niederschlagen. Man kann dann morgens, besonders bei Beleuchtungskästen aus Metall, unangenehme Überraschungen erleben. Zwar ist das Innere des Beleuchtungskastens auch bei Verwendung von Deckscheiben stets ein feuchter Raum, doch sind die Kondenswassermengen geringer, weil bereits die Deckscheibe einen erheblichen Teil dieser Luftfeuchtigkeit abfängt.

Nach längerem Gebrauch läßt die Lichtdurchlässigkeit der Deckscheiben stark nach, weil sich zunehmend Kalkabsätze anlagern. Das ist in Grenzen zu halten, wenn die Scheiben wöchentlich einmal gründlich gesäubert werden oder die entstehenden Beläge, besonders in der Sprühzone der Durchlüftung oder des Filterrücklaufs, mit einer Rasierklinge regelmäßig abgeschabt werden. Auch durch Waschen mit verdünnter Salzsäure lassen sich solche, den Lichteinfall ganz erheblich dämpfende Ablagerungen, beseitigen.

Noch eines: Brechen Sie die Kanten der Deckscheiben mit einem Schleifstein oder einem Stück Ziegelsplitt. Beim Hantieren am Aquarium ist die Haut Ihrer Hände weicher als im trockenen Zustand, und es kann leicht passieren, daß man sich an den scharfkantigen Deckscheiben schneidet.

Heizung In den seltensten Fällen werden einheimische Fische gehältert. Das ist auch technisch schwieriger als die Pflege von tropischen und subtropischen Fischen und Wasserpflanzen. Noch immer ist es einfacher, ein Aquarium zu beheizen als es zu kühlen. Und das müßte man, wenn man einheimische Fische im Sommer gut erhalten möchte. Dem Anfänger muß deshalb zu tropischen Zierfischen geraten werden, weil er bei deren Pflege weniger Mißerfolge zu erwarten hat.

Aquarienheizungen sind im Fachhandel in allen erforderlichen Größen zu haben — das Problem stellt sich für den Anfänger aber dadurch, daß die Aquarien in miteinander nicht vergleichbaren Räumen aufgestellt werden und daher unabhängig von der Literzahl unterschiedlichster Heizleistungen bedürfen können.

Vor allem sollte man sich von der Vorstellung lösen, mit nur einem Heizer auskommen zu können. In einem regelmäßig geheizten Raum braucht man möglicherweise während der Wintermonate einen schwächeren Heizer als in den Übergangsjahreszeiten, wenn nicht mehr oder noch nicht geheizt wird, die Raumtemperatur aber nicht ausreicht, um den Wärmebedürfnissen der Fische zu genügen. Die Faustregel lautet: um 100 l Wasser um 10 °C über die Raumtemperaur hinaus zu erwärmen, benötigt man einen Heizer mit 100 Watt Leistung. Nun könnte man meinen, daß ein 50-Liter-Becken mit 50 Watt ebenfalls um 10 °C erwärmt werden könnte. Das stimmt aber nicht. Es ist bekannt, daß eine kleinere Wasseransammlung schneller auskühlt als eine große, weil ein großer Körper im Verhältnis zum Inhalt eine geringere Oberfläche hat als ein kleiner und eben über diese Oberfläche der Wärmeverlust erfolgt. Wir müssen vergleichsweise ein 50-Liter-Becken vielleicht mit einem Heizer von 75 Watt versehen, um eine Temperaturerhöhung von 10 °C über Raumtemperatur zu erzielen. Es darf auch nicht vergessen werden, daß kleinere Aquarien aus dem genannten Grund die Wärmeschwankungen eines Raumes stärker mitmachen und ein großes Aquarium wesentlich träger reagiert. Schließlich ist zu berücksichtigen, daß der Aufstellungsort, eine kalte Außenwand oder die Aufstellung in der Nähe eines Heizkörpers, die benötigte Heizleistung stark variieren kann.

Angenommen, Ihr Aquarium benötigt 70 Watt Heizleistung, dann wäre es gut, wenn Sie mindestens zwei Heizer hätten. Es kann sein, daß Sie den stärkeren im April und Mai brauchen und auch im Spätsommer und Frühherbst, den 50-Watt-Heizer hingegen in den Wintermonaten, wenn Sie ohnehin regelmäßig heizen.

Schließlich gibt es auch Regelheizer. Sie haben den Vorteil, daß man eine gewünschte Temperatur einstellt und sich darauf verlassen kann, daß dieser eingestellte Wert ± 2 °C konstant bleibt. So bequem das erscheinen mag — biologisch vorteilhaft ist es nicht. Die wenigsten unserer Zierfische brauchen eine gleichbleibende Temperatur, denn die meisten stammen aus flachen Gewässern, die täglich doch gewissen, teilweise sogar beträchtlichen Temperaturschwankungen ausgesetzt sind. Man schläfert so die den Wärmehaushalt betreffenden Regulationsfunktionen der Tiere ein und erlebt mit solcherart verwöhnten Fischen beim Versagen des Regelheizers zwangsläufig »Katastrophen«. Dennoch soll nicht gänzlich von Regulierungen dieser Art abgeraten werden. Eine gleichbleibende Temperatur ist immer noch besser als unzureichende Temperaturverhältnisse oder Überschreitungen der oberen und unteren Verträglichkeitsgrenze.

Schließlich soll nicht vergessen werden, daß auch die Beleuchtung, besonders, wenn Glühlampen Verwendung finden, zu einer Temperaturerhöhung der oberen Wasserschichten führen kann. Oft ergibt sich daraus sogar die günstige Temperaturschwankung zwischen Tag und Nacht von etwa 4 °C, wenn die Glühlampen abends ausgeschaltet werden.

Da die Wassertemperatur auf die Aufnahmefähigkeit des Wassers für Sauerstoff von Einfluß ist, müssen Heizung und Durchlüftung stets im Zusammenhang gesehen werden. Je höher die Temperatur eines Aquariums ist, um so weniger Sauerstoff kann das Wasser binden, um so größer ist aber der Sauerstoffbedarf der Fische. Es ist daher darauf zu sehen, daß stark erwärmte Becken auch sehr gut durchlüftet werden müssen. Mit der Durchlüftung erzielen wir gleichzeitig eine gute Durchmischung des in Heizernähe stark erwärmten Wassers mit dem kühleren in Bodennähe. Reicht der Heizer nicht bis zum Bodengrund und glaubt man, ohne Durchlüftung auskommen zu können, weil z. B. nur Labyrinthfische gepflegt werden, die ja an der Wasseroberfläche atmosphärische Luft schöpfen, so findet man im Aquarium je nach Wasserhöhe eine ausgeprägte Temperaturschichtung. Bei einem Aquarium mit 35 bis 40 cm Wasserstand kann das schon über 5 °C, oft auch mehr ausmachen. Darunter leiden nicht so sehr die Fische, die dann ohnehin immer zum wärmeren Teil — also nach oben — ausweichen, sondern vielmehr die Wasserpflanzen, die nicht gern in kühlerem Bodengrund stehen und ihre Blätter in stark erwärmtes Wasser strecken. Bodengrund-Durchflutung mit warmem Wasser ergibt stets den besseren Pflanzenwuchs.

Man sollte diese Temperaturschichtung in ihrer Bedeutung nicht unterschätzen. Bei Aquarien mit sehr hohem Wasserstand kann es sogar zum Bruch der Glasscheiben kommen, wenn der Temperaturunterschied zwischen Oberfläche und Bodengrund so groß ist, daß Spannungen in der Glasscheibe auftreten.

Durchlüftung In der Schule haben wir gelernt, daß ein inniges Wechselverhältnis zwischen Pflanzen und Tieren besteht: Die Pflanzen produzieren unter Lichteinwirkung Sauerstoff, den die Tiere verbrauchen, und die Tiere atmen Kohlendioxid aus, das von den Pflanzen zum Aufbau energiereicher Stoffe benötigt wird. Prinzipiell treffen diese Verhältnisse auch für ein Aquarium zu, doch ist der Fischbesatz meist wesentlich größer, als der zeitweise von den Pflanzen zur Verfügung gestellte und im Wasser gelöste Sauerstoff das erlaubt. Es könnte also, falls wir nicht korrigierend eingreifen, zu einem zeitweilig auftretenden Sauerstoffmangel kommen. Andererseits gibt es aber auch Situationen, in denen so viel Kohlendioxid im Wasser gelöst ist, daß die Beleuchtungsintensität nicht ausreicht, um den Pflanzen ein schnelles Aufarbeiten dieses Überhangs zu ermöglichen. Das hat zur Folge, daß der Fisch nicht nur unter Sauerstoffmangel leidet, es behindert ihn vielmehr, daß er den hohen Kohlendioxidgehalt seines Blutes nicht abgeben kann, weil das Wasser schon derartig hoch damit angereichert ist, so daß kein ausreichendes Gefälle zwischen dem Kohlendioxidgehalt der Kiemengefäße und dem des Wassers gegeben ist. Wenn Fische also an der Oberfläche hängen, heißt das nicht immer, daß zuwenig Sauerstoff vorhanden ist, es bedeutet eher und öfter, daß zuviel Kohlendioxid im Wasser gelöst ist.

Der technisch bereits mit seiner Anlage vertraute Aquarianer stellt daraufhin den Luftstrom stärker ein, in der Annahme, nun werde dem Wasser mehr Sauerstoff zugeführt.

Diese Annahme ist falsch! Die zur Verfügung stehende Reaktionszeit eines aufsteigenden Luftbläschens ist bei den durchschnittlich üblichen Wasserstandshöhen von 30 bis höchstens 50 cm so kurz, daß ein aktiver Sauerstoffeintrag durch dieses Luftbläschen nicht erfolgen kann. Es ist viel zu schnell oben an der Wasseroberfläche. Die Erfahrung lehrt aber, daß die Fische nach stark aufgedrehtem Luftstrom die Oberflächenbereiche verlassen und wieder normal im Aquarium herumschwimmen. Was ist geschehen?

Der verstärkt eingestellte Luftstrom hat zur Folge, daß sich im Aquarium eine wesentlich beschleunigte Umwälzung des Wassers abspielt, das heißt, die Wasserteilchen kommen in wesentlich kürzeren Abständen zur Wasseroberfläche, wo sie während des Dahinströmens an der Luftunterfläche weitaus mehr Zeit haben, überschüssiges Kohlendioxid an die Luft abzugeben und fehlenden Sauerstoff aufzunehmen. Der aufsteigende Luftstrom verleiht also dem Wasser eigentlich nur den Bewegungsimpuls, während der bezweckte Gasaustausch erst eine Folge der dadurch bewirkten Strömungsverhältnisse ist. Das sollte einmal erläutert werden, weil über diese Dinge vielfach noch falsche Vorstellungen bestehen.

Wie erzeugt man nun diesen Luftstrom? Im Handel sind Pumpen zu haben, die man in Membran- und Kolbenpumpen gliedern kann. Membranpumpen sind preisgünstig, jedoch ist ihre Leistungsfähigkeit begrenzt. Zudem ist ihre Inbetriebnahme mit einem Brummgeräusch verbunden, das auch durch geschickte Aufhängung nicht gänzlich zu beseitigen ist. Viele Aquarianer machen deshalb den Fehler, solche Pumpen nachts abzustellen; ausgerechnet nachts, wenn die Korrektur des Kohlendioxid-Sauerstoff-Verhältnisses ganz besonders wichtig ist. Nachts verbrauchen auch die Pflanzen Sauerstoff und geben Kohlendioxid ab, so daß die Fische auch und besonders bei dichten Pflanzenbeständen gerade nachts durch diese vielen Pflanzen gefährdet werden. Hinzu kommt, daß sehr häufig mit Hilfe des gleichen Luftstromes aus der gleichen Pumpe der Filterdurchfluß betrieben wird. Wie im Abschnitt Filterung (Seite 98) ausgeführt wird, bewirkt ein mehrstündiges Stocken des Filterdurchflusses bereits eine erhebliche Vermehrung von Fäulnisbewohnern, deren Abwässer beim Wiedereinsetzen des Filters in das Aquarium gepumpt werden. Gerade das ist nicht der Sinn eines Filters. Wer sich also zur Durchlüftung und Filterung entschließt, muß sie schon pausenlos in Tätigkeit bleiben lassen. Es ist aber zulässig, während der Fütterung kurzzeitig den Filter abzustellen, damit sich keine Futtertiere im Filter sammeln.

Größere Anlagen verbrauchen natürlich mehr Luft, und es empfiehlt sich, die leistungsfähigeren, aber wesentlich geräuschvolleren Kolbenpumpen anzuwenden. Meist herrscht das Prinzip der Doppelkolbenpumpe vor, durch das kurze, starke Stöße in das Leitungssystem entsandt werden. Um diese Stöße nicht im Aquarium durch An- und Abschwellen des Luftstromes sichtbar werden zu lassen, schaltet man einen Druckkessel dazwischen oder verwendet für einen Teil des Leitungssytems unmittelbar hinter der Pumpe ein großvolumiges, elastisches Schlauchstück von mindestens einem Meter Länge. Dahinter reduziert man stufenweise wieder den Leitungsquerschnitt. Doppelkolbenpumpen der im Handel erhältlichen Leistungsfähigkeit lohnen sich erst für Anlagen von zehn großen Becken an aufwärts. Unter diesen Größenordnungen muß man sich mit mehreren Membranpumpen für jeweils zwei bis fünf Becken je nach Wasserstand behelfen.

Filter dienen der mechanischen und in weit geringerem Maße der biologischen Reinigung des Aquarienwassers. Die Erzeugung des Wasserstromes im Filter wird meist durch in einem Rohr aufsteigende Luftblasen bewirkt, die beim Aufsteigen das darüber befindliche Wasser emporheben und ins Aquarium zurückfließen lassen. Die Schnelligkeit des Luftblasenaustritts, der Rohrquerschnitt und die Bremswirkung der Filtermasse beeinflussen die Fließgeschwindigkeit des Filters. Ein Filter ist nicht unbedingt am wirksamsten, wenn er am schnellsten durchflossen wird. Natürlich wird Wasser um so klarer sein, je öfter es in der Zeiteinheit eine Filtermasse durchläuft, doch hat sich gezeigt, daß die biologische Reinigung bei langsamem Filterdurchfluß intensiver ist als bei schnellem. Allerdings wird in letzter Zeit wegen der Unkontrollierbarkeit der biologischen Abbauprozesse zunehmend zur mechanischen Reinigung des Aquarienwassers geraten und jeglicher Versuch biologischer Filtersysteme für die üblichen Aquarienbedingungen mit einer gewissen Berechtigung verworfen.

Von der technischen Ausführung her unterscheiden wir zwischen Außen- und Innenfilter.

Außenfilter bestehen aus einer oder mehreren unterschiedlich gestalteten Kammern über- oder nebeneinander, einem Wasserzulauf aus dem Aquarium und einem Wasserrücklauf in das Aquarium. Die Kammern dienen der Aufnahme des Filtermaterials, wobei sich Kiesfilter und Lagen aus Kunststoffasern am besten bewährt haben. Günstig ist es, zunächst eine Lage grob durchlässiger Materialien anzubringen, um zuerst die größeren Bestandteile abzufangen. Danach sollte das Material immer feinporiger werden, um schließlich das Wasser frei von Schwebestoffen in das Aquarium zurückzuleiten. Diese Filter müssen leicht zugänglich sein, da ihre regelmäßige Reinigung erforderlich ist.

Aus Raumgründen werden die weniger wirksamen und meist zu kleinen Innenfilter bevorzugt, die sich im Aquarium hinter Dekorationselementen verbergen lassen. Sie bestehen aus einer festen Filtermasse (feinporige Schwämme) und einer Luftzuleitung mit Ausströmerstein, die in die Filtermasse eingearbeitet ist. Beim Ausströmen der Luft wird die Wassersäule innerhalb der Filtermasse herausgehoben und dabei neues Wasser durch die Filtermasse nachgesaugt. Die mechanische Filterleistung solcher Schwamm-Innenfilter ist hervorragend, jedoch wegen der Kleinheit der im Handel angebotenen Geräte für große Aquarien oder dicht besetzte Becken oft nicht ausreichend, so daß mehrere Schwamm-Innenfilter eingesetzt werden sollten. Auch diese Filter sind nur dann wirksam, wenn ihre Reinigung regelmäßig in kurzen Abständen erfolgt. Weiteres siehe unter Filterung.

Beleuchtung Es ist leider noch vielfach üblich, den Fischen weitaus mehr Beachtung zu schenken als den Bedürfnissen der Wasserpflanzen. Aus diesem Grunde ist mancher Liebhaber zufrieden, wenn er im Halbdunkel seines Aquariums die Anzahl und die Arten seines Fischbesatzes erkennt und zu unterscheiden vermag. Diese Liebhaber erkennt man daran, daß sie ständig Wasserpflanzen kaufen und die Beleuchtung eines Aquariums als eine recht problematische Sache ansehen.

Tatsächlich ist es ein Problem. Es besteht darin, daß man nur eine begrenzte Anzahl von Lichtquellen im Beleuchtungskasten unterbringen kann. Leider sind die im Handel erhältlichen Aquarienbeleuchtungen sämtlich ungeeignet, bei Wasserständen zwischen 35 und 50 cm Höhe einen halbwegs brauchbaren Pflanzenwuchs zu erzielen. Hier ist der Liebhaber, zumal wenn er im Besitz größerer Aquarien ist, zum Selbstbau gezwungen. Bei einer durchschnittlich üblichen Tiefe zwischen 30 und 45 cm kann man allenfalls zwei bis drei Leuchtstofflampen nebeneinander montieren. Die Pflanzen würden noch wesentlich mehr Licht vertragen, aber mehr kriegt man ja im Beleuchtungskasten nicht unter... Wenn man vergleicht, daß eine Reihe von Aquarien mit zwei oder drei 15-Watt-Nähmaschinenlämpchen notdürftig aufgehellt wird, so versteht man, daß in manchen Aquarien kein Pflanzenwuchs zustande kommen kann. Es gibt auch hier eine Faustregel, die besagt, daß pro Zentimeter Länge eines Aquariums von etwa 35 cm Wasserstand ein Watt Leuchtstofflampenlicht erforderlich ist. Dies ist aber keineswegs die obere Grenze, sondern hiermit soll lediglich ein Anhaltswert gegeben sein, der bei besonders lichtbedürftigen Pflanzen überschritten werden muß. Für das Gros des Wasserpflanzenangebots reicht das aber wenigstens aus.

Nun wird vielfach die Frage debattiert, welcher Art die Lichtquellen sein müssen. Dazu ist zu sagen, daß die meisten Wasserpflanzen mit Leuchtstofflampenlicht auskommen, wenn es nur genügend stark ist. Nach eigenen Beobachtungen scheint das Licht der Warmton-Lampen für die Wasserpflanzen günstiger zu sein als das der weißen oder blauen Lampen. Umstritten ist die Wirkungsweise der Lumoflor-Leuchtstofflampen. In der Kombination mit Tageslicht- oder Warmton-Leuchtstofflampen kommt ihnen wahrscheinlich die größte Bedeutung zu. Falsch wäre es, ein Aquarium ausschließlich mit dieser Art von Leuchtstofflampen beleuchten zu wollen. Glühlampen sind zwar von der Lichtausbeute her unwirtschaftlich, das von ihnen abgegebene Licht ist jedoch für manche Pflanzen äußerst positiv. Zum Beispiel wachsen sämtliche *Cabomba*-Arten wesentlich besser unter Glühlampenlicht als unter Leuchtstofflampen. Man kann also in einer Ecke des Beleuchtungskastens durchaus zusätzlich Glühlampen installieren.

Wenn wir zugunsten eines befriedigenden Pflanzenwuchses zum Selbstbau geeigneter Beleuchtungseinrichtungen gezwungen sind, so sollte doch beim Bau und bei der Elektroinstallation eines solchen Kastens unbedingt ein Fachmann zu Rate gezogen werden, da sich innerhalb des Kastens ein hochgradig feuchter Raum entwickelt, der ständig von Kondenswasser beschlagen sein kann. Leichtfertige Bastelei verbietet sich hier im Interesse sämtlicher mit der Anlage in Berührung kommender Personen von selbst.

Die Wirkungsweise der Lichtquellen läßt sich beträchtlich erhöhen, wenn in den Beleuchtungskasten ein stark reflektierendes Material, z. B. Alufolie nach dem Prinzip eines Hohlspiegels, angebracht wird. Dadurch wird eine gleichmäßigere Ausleuchtung des Aquariums erzielt.

Lebensraum Aquarium

Bodendurchflutung Erst in den letzten Jahrzehnten hat bei uns die Aquarienbepflanzung einen höheren Stellenwert in der Aquaristik erlangt. Vielfach stand und steht der erfolgreich gepflegte oder erfolgreich vermehrte Fisch im Vordergrund des aquaristischen Interesses. Die dekorative Wirkung eines gut bepflanzten Aquariums jedoch hat den Interessentenkreis für Aquarien ganz wesentlich erweitert, so daß das Pflegen von Aquarienpflanzen heute eine gleichberechtigte Disziplin in der Aquarienkunde geworden ist. Im Zusammenhang damit wurden auch die Ansprüche der Aquarienpflanzen intensiver untersucht. Eines der wesentlichsten Ergebnisse besteht darin, daß auch der nicht sichtbare Teil der Pflanze, das Wurzelwerk, mehr Beachtung fand und die Aquarien diesen Bedingungen entsprechend ausgestattet wurden. Neben den Lichtfragen (siehe auch Beleuchtungsintensität, Beleuchtungsdauer, Beleuchtungsrhythmus) wurde besonders der Durchlässigkeit des Bodengrundes zunehmende Beachtung geschenkt. Bessere Wasserzirkulation im Boden hat zur Folge, daß die Temperatur im Bodengrund ebenso hoch ist wie im Aquarienwasser. Bei zu feinem Sand kann es vorkommen, daß die Temperatur im Bodengrund beträchtlich unter der des Aquarienwassers liegt. Auch Pflanzen mögen keine »kalten Füße«. Ungenügende Wasserzirkulation im Boden führt auch durch die damit verbundene Sauerstoffarmut des im Bodengrund befindlichen Wassers zu andersgeartetem Abbau der verwesenden Bestandteile, d. h., es bilden sich die »berühmten« schwarzen Stellen, meistens ausgehend von der Ecke, in der das herabsinkende Futter noch längere Zeit liegenbleibt. Bei der Säuberung eines solchen Aquariums gab der penetrante Geruch nach faulen Eiern einen eindeutigen Hinweis auf die Bildung von Schwefelwasserstoff, der weder Tieren noch Pflanzen förderlich war. Grober Kies ermöglicht bereits eine bessere Durchflutung als feiner Sand. Noch besser ist es jedoch, *unter* dem Bodengrund eine Schicht zirkulierenden Wassers zu haben, in die z. B. über ein entsprechend langes

Fallrohr das gefilterte Wasser einfließt. Man kann sich so einen Untersatz mit Hilfe gelochter Kunststoffplatten einfach basteln, indem man einen 3 bis 5 cm hohen, unten offenen Kasten baut, der den gesamten Aquarienboden bedeckt und dessen obere Fläche eine Vielzahl von Löchern unter der Korngröße des verwendeten Kieses aufweist. Eine stärkere Bohrung läßt das Fallrohr hindurchtreten, so daß ständig mit Sauerstoff angereichertes Wasser unter dem Bodengrund ankommt, den Bodengrund nach oben durchsickert und dabei Verwesungsprozesse ohne Sauerstoffbeteiligung ausschließt. Über das Prinzip streitet man nicht mehr — jeder, der diesen Versuch einmal gemacht hat, schwört auf diese Methode, die Ansichten gehen lediglich über die Durchströmungsgeschwindigkeit auseinander. Die Mehrzahl der debattierenden Aquarianer spricht sich dabei für einen langsamen Durchfluß aus. Auch der wöchentliche Teilwasserwechsel kann über das Fallrohr vorgenommen werden. Es »staubt« dann beim Auffüllen nicht so, und für die Pflanzenwurzeln sind solche Spülungen günstig.

Kies sollte grob und dunkel sein. Grob, weil sauerstoffreiches Wasser an die Wurzeln gelangen muß und weil ein zu feiner Bodengrund wegen der mangelnden Wasserzirkulation zu einem Temperaturabfall im Wurzelbereich führen kann.

Da aber grober Kies auch große Zwischenräume für sich absetzenden Mulm anbietet, muß durch regelmäßiges Entfernen dieses Mulms die Durchlässigkeit der Schicht aufrechterhalten werden.

Viele Fischarten erscheinen auf dunklem Bodengrund farbintensiver, da sie ihre Färbung dem Untergrund angleichen können. Auf »blendend« weißem Kies wirken solche Arten nur silberglänzend und zeigen ihre mögliche Farbenpracht nicht.

Vor scharfkantigem Splitt muß gewarnt werden. Gründelnde oder wühlende Arten können sich Maulverletzungen zuziehen. Erschreckte Fische (Ein- oder Ausschalten des Lichtes) schießen häufig wild durch das Aquarium und sind ebenfalls gefährdet.

Im Verlauf einiger Monate kann weißer Kies durch Veralgung dunkler werden. Durch Einlegen in ein sattrotes Bad von Kaliumpermanganatlösung gelingt es auch, dem Kies eine dunkelbraune Färbung zu geben, doch muß man das Bad etwa vierzehn Tage einwirken lassen. (Keine weißen Eimer benutzen!) Den Kies vor dem Einbringen in das Aquarium mehrmals gut spülen!

Sand Vor der Verwendung von Sand, besonders von feinem Sand, muß dringend gewarnt werden. Die feinen Durchlässe verstopfen besonders bei Trockenfuttergaben sehr schnell, und es bilden sich die leidigen »schwarzen Stellen«.

Sie entstehen immer dann, wenn sich Zersetzungsprozesse ohne Anwesenheit von Sauerstoff abspielen. Charakteristisch ist der Geruch nach Schwefelwasserstoff, wenn man in solchem Bodengrund stochert.

Entsprechende Pflege vorausgesetzt, *kann* auch feinkörniger Sand durchaus Verwendung finden. Der Anfänger muß aber auf so viele neue Dinge achten, daß er mit durchlässigem Bodengrund meist leichter fertig wird. Wenn das richtige Futtermaß gefunden ist, läßt sich der Mulm sogar von feinkörnigem Sand leicht abziehen, weil er nicht eindringen kann. Aber dazu muß vieles andere im Aquarium schon stimmen.

Lehm Wenn es auch erwiesen ist, daß die im Handel erhältlichen Wasserpflanzen fast alle mit dem vorhandenen Nährstoffangebot zurechtkommen, zumal dann, wenn ein Aquarium schon längere Zeit betrieben wird, so hat sich doch für einige Pflanzengruppen eine gelegentliche Nachdüngung mit Lehm als vorteilhaft erwiesen. Das gilt vor allem für *Echinodorus*- und *Cryptocoryne*-Arten sowie für die wenigen in Aquarienkultur befindlichen Seerosen. Auf keinen Fall darf die Lehmzugabe so reichlich erfolgen, daß die Bodendurchflutung in der Nähe der gedüngten Pflanzen unterbrochen wird. Am praktischsten ist es, wenn man sich aus einem feuchten Lehm-Sand-Gemisch kleine Kügelchen von höchstens 2 cm Durchmesser formt, sie trocknen läßt und bei Bedarf in der geschlossenen Faust bis in den Bodengrund bringt und an die Pflanzenwurzeln heranschiebt. Das nächste oder übernächste Blatt einer solchen Pflanze zeigt dann durch üppigeren Wuchs, daß die Düngergabe »angekommen« ist. Geht später die Blattgröße wieder zurück, so *kann* die Ursache in der Erschöpfung der Düngergabe gesucht werden, falls Beleuchtung und Wasserwechsel, Fischbesatz und Temperatur etwa gleichgeblieben sind.

Torf Gelegentlich wird empfohlen, in den Bodengrund Torf einzubringen. Es soll keineswegs bestritten werden, daß manche Aquarianer durch Torfzugaben manche Pflanzen besonders erfolgreich kultiviert haben. Hier muß aber unbedingt darauf hingewiesen werden, daß Torf nicht gleich Torf ist, daß man z. B. dem Hochmoortorf keineswegs die Eignung für Aquarienbedingungen ansehen kann und daß mit Torf, falsch angewandt, Bodengrundschäden angerichtet werden können. Die meisten Aquarienpflanzen kommen mit einem pH-Wert um 7 gut zurecht und benötigen kein Absenken in saure Werte, um ein optimales Wachstum zu erreichen. In einer Schrift, die der ratsuchende Anfänger heranzieht, muß vor ungeeignetem Torf mehr gewarnt werden, als daß zu geeignetem Torf geraten werden kann.

Torf hat aber im Zuchtbecken für bestimmte Arten Eierlegender Zahnkarpfen, weiterhin für Torffilter, um den Lichteinfall zu dämpfen oder das Wasser schwach anzusäuern, also nur in Spezialfällen, seine Berechtigung.

Wasser Wenn irgend etwas in der Aquaristik nicht klappt, wird gewöhnlich dem Wasser die Schuld gegeben. Wachsen die Pflanzen nicht, heißt es: In unserem Leitungswasser gedeihen eben keine Wasserpflanzen. Und wenn ein Fisch eingeht oder eine andere Art nicht laichen will, so liegt es eben auch nur am Wasser. Nun ist nirgends das Leitungswasser so schlecht und für die Aquaristik ungeeignet, wie es gewöhnlich und leichthin gesagt wird. Es hat sich herausgestellt, das viele tropische Wasserpflanzen in Gegenden mit sehr mineralreichem Leitungswasser ausgezeichnet gedeihen, besser noch als bei zu weichem Wasser mit nur geringem Salzgehalt.

Damit sind wir gleich bei einem in Aquarianer-Diskussionen sehr häufig auftauchendem Begriff, nämlich bei der Wasserhärte. Wir verstehen darunter den Gehalt an gelösten Karbonaten bzw. Sulfaten. Danach teilt man auch die veränderliche und die bleibende Härte des Wassers ein. Die Karbonate können beim Kochen ausgefällt werden und bilden den sogenannten Kesselstein, während die Sulfate im Wasser verbleiben. Addiert man die Werte von Sulfat- und Karbonathärte, so erhält man den Begriff der Gesamthärte, abgekürzt dGH, die in Grad angegeben werden. Ein Grad dGH entspricht einem Gehalt von 10 mg pro Liter Kalziumoxid. Weiches Wasser hat dGH-Werte von 0 bis 5°, mittelhartes zwischen 5 und 10° dGH und alles, was über 10° dGH ergibt, muß schon als hartes Wasser bezeichnet werden. Allerdings wird mit der Härte des Wassers keinesfalls der gesamte Mineralgehalt des Wassers erfaßt. Deshalb messen manche Züchter außerdem den Leitwert des Aquarienwassers. Das hat insofern eine Berechtigung, als einige wenige Arten nur in extrem mineralarmem Wasser gezüchtet werden konnen. Da die Messung des Leitwertes allein auf der Tatsache beruht, daß ein Wasser den elektrischen Strom um so besser leitet, je mehr Salze darin gelöst sind, hat man hier ein lediglich quantitatives Meßverfahren vor sich, das keinerlei Aussagen über bestimmte Mineralien erlaubt, die für die Entwicklung der Eier oder gar für die

Beweglichkeit der zum Ei gelangenden Spermien von besonderer Bedeutung sind. Sie merken schon, hier dringen wir bereits in Bereiche vor, die Sie wohl erst interessieren, wenn Sie sich mit der Zucht ausgesprochen heikler Zierfische befassen wollen. Für ein Gesellschaftsbecken sind solche Dinge nicht nötig, da genügt es, wenn wir wissen, wie hart etwa das Leitungswasser ist und ob die Reaktion des Leitungswassers sauer, neutral oder basisch verläuft.

Damit sind wir beim zweiten Begriff, über den in der Aquaristik ebenfalls oft diskutiert wird, beim pH-Wert. Ganz oberflächlich und allgemein gesagt versteht man darunter die Tendenz des Wassers, schwach oder stärker sauer oder alkalisch oder neutral zu reagieren. Die Zahlenangaben zum pH-Wert mögen Sie verblüffen; neutrales Wasser hat keineswegs den Wert Null, sondern den pH-Wert 7. Alle Werte unter 7 zeigen saures Wasser an, dabei ist ein pH-Wert von 5 schon extrem sauer, und alle pH-Werte über 7 bezeichnen alkalisch reagierendes Wasser, wobei ein pH-Wert von 8 für die Süßwasseraquaristik schon eine obere, für viele Fische tödliche Grenze darstellt. Damit ist der Bereich, in dem sich die Pflegeobjekte der Süßwasseraquaristik gut hältern lassen, recht eng: er bewegt sich etwa zwischen den Werten 5,5 und 7,5. Da das Leitungswasser stets Werte zwischen 6,8 und 7,2 mit nur äußerst seltenen Abweichungen hat, ist die Verträglichkeitsgrenze des pH-Wertes durch die chemische Reaktion des Leitungswassers gewährleistet. Natürlich gibt es einige Fischarten oder ganze Artengruppen, die an den Grenzen der hier angegebenen Werte ihr Lebensoptimum haben. Das sind manche *Aphyosemion-Arten* Westafrikas, die in schwach saurem Wasser mit einem pH-Wert zwischen 5 und 6 besser gedeihen als in neutralem Wasser sowie andererseits alle Ährenfische und die *Cichliden* des Malawi- und Tanganjika-Sees, die auch eine Überschreitung des pH-Wertes von 7,5 vertragen.

Für die Messung und die in der Literatur angegebenen pH-Werte gilt das gleiche, wie wir es schon zur Temperatur und den Literatur-Werten ausgeführt haben. In der Aquaristik ist es üblich, mit den billigsten Meßgeräten, präparierten Papieren oder einem Flüssigkeitsindikator zu messen. Dabei gibt es selbstverständlich Meßfehler, die den Wert solcher Angaben erheblich beeinträchtigen. Hinzu kommt, daß Fische auf die relative Schwankung stärker reagieren als auf absolute Werte. Auf Tiere, die ständig bei einem pH-Wert von 6,5 gehalten werden, wirkt Wasser mit einem pH-Wert von 6,0 als sauer, und sie laichen dann. Wären sie bei 7,0 gehalten worden, hätten sie wahrscheinlich schon bei 6,5 gelaicht. Das heißt also, daß nur die Tendenz und der Wechsel, keinesfalls aber die in ihrer Meßungenauigkeit übermittelten Werte nachgeahmt werden dürfen, wenn man bestimmte Arten züchten möchte.

Schon wieder sind wir in Richtung Zucht abgeschweift, obgleich Sie die Frage der Wasserqualität vorerst ja nur insofern interessiert, als sich Ihre Tiere wohlfühlen und gut entwickeln sollen. Sie möchten daher sicher wissen, wie man den pH-Wert des Wassers einstellen und verändern kann, falls das Ausgangswasser nicht wie üblich um den Neutralpunkt herum liegt.

Zum Ansäuern des Wassers (Senken des pH-Wertes) benutzt man Phosphor- oder Salzsäure, zum Heben des pH-Wertes Natron- oder Kali-Lauge. Solche pH-Wert-Veränderungen sollte man nur mit allergrößter Vorsicht vornehmen, nach Möglichkeit nicht in einem Aquarium, in dem sich Fische oder Pflanzen befinden. Besser ist es, in einem Gefäß, dessen Fassungsvermögen genau bekannt ist, mit wenigen Tropfen zunächst einmal die Geschwindigkeit der Reaktion des Wassers zu überprüfen. Man verwendet dazu grundsätzlich 10%ige Lösungen der betreffenden Säure oder Lauge. Zählen Sie die Tropfen! Verwenden Sie immer das gleiche Glasrohr oder besser noch eine Meßbürette mit Gradeinteilung.

Bei hartem Wasser geht die pH-Wert-Veränderung wesentlich schneller vonstatten als bei weichem. Man spricht in solchen Fällen von stark gepuffertem bzw. schwach gepuffertem Wasser. Je schwächer ein Wasser gepuffert ist, desto weniger Tropfen genügen, um die chemische Reaktion zu verändern. Das heißt aber nicht, daß wir in hartem Wasser mit Säuren oder Laugen unbedacht »panschen« können. Es zeigt sich nämlich, daß z. B. bei einer Wasserhärte von 13 bis 15 °dGH fünfzehn bis zwanzig Tropfen Salzsäure auf 5 l Wasser noch keine pH-Wert-Veränderung ergeben. Der ungeduldige Aquarianer gibt nun beispielsweise fünf Tropfen dazu und mißt erneut. Plötzlich ergibt sich ein pH-Wert von 4,0. Was ist passiert? Offenbar war die Pufferung bis zum 15. Tropfen noch nicht überwunden, der 16. oder 17. hätte vielleicht den gewünschten pH-Wert erbracht, da aber die Pufferung nunmehr erschöpft war, haben die drei Tropfen zuviel eine totale Übersäuerung ergeben.

Kennt man dann schließlich das Verhältnis, in dem man Säuren bzw. Basen zum Ausgangswasser hinzugeben muß, so bringt wiederum die größere Geduld den größeren Vorteil und das geringste Risiko. Niemals soll man den pH-Wert eines Gesellschaftsbeckens schlagartig zu ändern versuchen. Man sollte grundsätzlich höchstens mit einem Viertel der Wassermenge beginnen, bei Becken unter 70 l Inhalt nicht einmal ein Viertel, sondern nur etwa ein Zehntel des Wassers abziehen und durch vorbereitetes, gut umgerührtes, im pH-Wert verändertes Wasser ergänzen.

Überlegen Sie aber gut, ob es wirklich notwendig ist! Gewöhnlich ist es nicht nötig, denn meistens ist das Leitungswasser für die Aquaristik besser geeignet, als den Gesprächen der Aquarianer entnommen werden kann. Der Anfänger glaubt oft, wenn er zum ersten Mal einen Fachgruppenabend besucht, daß die dort diskutierten Probleme auch für ihn und sein Aquarium zutreffen würden, dabei hat er in seiner Unerfahrenheit vielleicht überhört, daß die Debatte sich um die Zucht eines schwer nachzüchtbaren Fisches drehte, dessen Namen er noch gar nicht gehört hatte.

Da es trotzdem üblich ist, die Ursachen für Mißerfolge zunächst beim Wasser und seiner Zusammensetzung zu suchen, und das von Fall zu Fall sogar richtig sein kann, keinesfalls aber in der Mehrzahl der Fälle, soll dem Anfänger hier gesagt werden: 80 % der gegenwärtig in den Zoogeschäften angebotenen Zierfische sind bis zu einer Wasserhärte von 20 °dGH und bei einem pH-Wert um 7 erfolgreich über Jahre zu pflegen. Die vielfach diskutierten Besonderheiten müssen lediglich bei der Vorbereitung zur Zucht, beim Ablaichen der Arten und bei der Eientwicklung sowie bis zum Freischwimmen der Jungfische beachtet werden.

Wasserstand Der Verwendungszweck eines Aquariums bestimmt den zu wählenden Wasserstand. Dient das Aquarium als Zimmerschmuck, so wird der Ausschnitt möglichst großflächig gewählt, wodurch sich meist ein Wasserstand von über 40 cm Höhe ergibt. Aufzuchtbecken für Jungfische haben gewöhnlich einen Wasserstand von 20 bis 30 cm. Die Vorteile eines flachen Aquariums sind in der relativ zum Wasserkörper größeren Oberfläche zu suchen, die einen besseren Gasaustausch ermöglicht. Große Schauaquarien mit hohem Wasserstand neigen dagegen leicht zu Schichtungsprozessen, die sowohl die Temperatur als auch Sauerstoff, Schwefelwasserstoff und Kohlendioxid betreffen können. Je höher also der Wasserstand eines Aquariums ist, desto mehr muß auf intensive Umwälzung Wert gelegt werden. Am einfachsten erreicht man eine regelmäßige Strömung, indem man den Ausströmer der Durchlüftung möglichst tief anbringt. Dadurch wird ständig das in Bodennähe befindliche Wasser zur Oberfläche geführt und insgesamt eine gute Durchmischung des gesamten Wassers erreicht. Auch das Ansaugen des zu filternden Wassers an einem Ende des Aquariums und der Zulauf des gefilterten Wassers in der entgegengesetzten Ecke bewirken eine derartige Durchmischung. Insbesondere bei der Beleuchtung des Aquariums muß jedoch dem Wasserstand großes Augenmerk geschenkt werden, da die Lichtintensität mit dem Quadrat der Entfernung von der Lichtquelle abnimmt und bei schwachen Beleuchtungen in Bodennähe kaum noch für die Pflanzen verwertbare Lichtmengen ankommen.

Wassertemperatur Die Mehrzahl der Aquarienfische und -pflanzen ist in einem Temperaturspielraum zwischen 20 und 30 °C zu pflegen. Je nach geographischer Herkunft benötigen natürlich einzelne Arten besonders hohe, z. B. die südostasiatischen Labyrinthfische, andere dagegen ziemlich niedrige Temperaturen, z. B. der Neon-Salmler aus den Urwäldern Westbrasiliens.

Leider ist den in der Aquarienliteratur genannten Temperaturen ein gewisser Unsicherheitsfaktor nicht abzusprechen. Die im Handel befindlichen Aquarienthermometer sind nicht geeicht und besitzen eine bei Erschütterungen sehr leicht verschiebbare Papierskala, wodurch ihre Maßangaben oft beträchtlich ungenau sind. Wer nicht mit einem geeichten Thermometer in ein Zoogeschäft gehen kann, um sich dort unter mehreren Thermometern ein zufriedenstellendes heraussuchen zu können, kaufe lieber ein teureres Außen-Fensterthermometer mit Glasskala (ohne Holzteil), das man unbedenklich auch ins Aquarium einhängen kann.

Besonders bei Zuchtversuchen muß berücksichtigt werden, daß den Temperaturangaben in der Literatur innerhalb des angegebenen Spielraums von 20 bis 30 °C weitgehend relativer Wert beigemessen werden sollte. Ein ständig bei 26 °C gehaltener Fisch laicht möglicherweise eben erst bei 29 bis 30 °C ab, ohne daß dies die Regel sein muß. Hätte man ihn ständig bei 23 °C gehalten, hätte er möglicherweise auch schon bei 26 °C mit dem Fortpflanzungsverhalten begonnen. Abgesehen von wenigen Arten, die bei höheren Wassertemperaturen über 28 °C erfolgreicher gepflegt werden, sollte man 25 °C nicht grundlos überschreiten. Vielmehr hat sich gezeigt, daß — von wenigen Ausnahmen abgesehen — den meisten Fischen Temperaturschwankungen zwischen Tag und Nacht, sowohl jahreszeitlich als auch zuchtrhythmisch bedingt, wesentlich zuträglicher sind als eine gleichmäßige Temperatur. Die Tag-Nacht-Schwankungen ergeben sich oftmals schon durch das nächtliche Abschalten der Beleuchtung und die damit ausfallende zusätzliche Erwärmung.

Manche Arten, z. B. Eierlegende Zahnkarpfen, sollte man so lange kühler halten, wie sie nicht zur Zucht angesetzt sind, um beim Zuchtansatz nicht zu hoch temperieren zu müssen. Besonders diese kurzlebigen Arten haben bei Temperaturen um 25 °C einen zu intensiven Stoffwechsel, so daß die Gefahr besteht, daß diese Tiere »ausbrennen« und damit noch kurzlebiger werden. Richtig ist es dagegen, Jungfische bei reichlichem Wasserwechsel und intensiver Fütterung ständig bei hohen Temperaturen zu halten, weil es den natürlichen Gegebenheiten entspricht, daß Jungfische zur Zeit optimaler biologischer Gegebenheiten aufwachsen.

Wasserpflanzen benötigen im allgemeinen den gleichen Temperaturspielraum wie die Aquarienfische. Es muß aber unbedingt beachtet werden, daß die Wassertemperatur im Bodengrund nicht unter der des Beckenwassers liegt. Das kommt vor, wenn ein normal und an sich zureichend beheiztes Aquarium in einem kühlen Raum steht und die Zirkulation des Aquarienwassers im Bodengrund ungenügend ist. Viele Pflanzen reagieren auf kaltes Wasser im Bereich ihrer Wurzeln mit Unterentwicklung, so daß auf Bodendurchflutung größter Wert zu legen ist.

Beleuchtungsintensität Die zunehmende Verwendung gut bepflanzter Aquarien als Dekorationseffekt in Wohn- und Arbeitsräumen hat die Bedürfnisse der früher doch meist vernachlässigten Wasserpflanzen stärker in das Interesse der Aquaristik gerückt. Bei kümmerlichem Pflanzenwuchs wurde zu Recht die Ursache zunächst in mangelnder Beleuchtungsintensität gesucht und damit oft schon gefunden. Tatsächlich stimmt es, daß ein Aquarium nicht hell genug sein kann, da den subtropischen und tropischen Wasserpflanzen selbst in stark beschatteten Gewässern ihrer Heimatgebiete eine wesentlich größere Lichtfülle, zumindest stundenweise, geboten wird, als das in unseren Aquarien der Fall ist. Bei einem Wasserstand von 35 bis 50 cm Höhe, der wohl für die Mehrzahl der Aquarien angenommen werden kann, bietet man nicht zuviel Licht, wenn man pro Zentimeter Beckenlänge ein Watt rechnet. Diese Faustregel stimmt aber nur für Leuchtstofflampen und sagt noch nichts über die Qualität des Lichtes aus. Glühlampen setzen bekanntlich mindestens 85 % ihres Energieverbrauchs in Wärme um und sind daher bedeutend weniger ergiebig als Leuchtstofflampen, doch gedeihen wiederum manche Pflanzenarten (z. B. die der Gattung *Cabomba*) bei schwachem Glühlampenlicht noch immer besser als unter Leuchtstofflampen.

Man kann also die Beleuchtungsintensität keineswegs unabhängig von der spektralen Zusammensetzung und anderen Faktoren, wie Beleuchtungsdauer und Beleuchtungsrhythmus, betrachten. Wieder eine Faustregel: Je stärker der Rotanteil eines Beleuchtungsspektrums ist, um so höher muß die Wattzahl pro Zentimeter Bekkenlänge sein, je weißer oder je blauer das Licht ist, desto eher kann ich mir eine Unterschreitung erlauben. Am besten ist es, wenn ich in meinem Beleuchtungskasten mehrere Lichtqualitäten kombinieren kann. Die Grundausstattung müßten dann Warmton-Leuchtstofflampen sein. In der Ecke, wo ein »Busch« *Cabomba* wachsen soll, müßte je nach Beckenhöhe eine 40- bis 100-Watt-Glühlampe zusätzlich installiert werden. Die Lumoflor-Leuchtstoffröhren mit hohem Rotlichtanteil sollten nur in der Kombination mit Weiß- oder Warmton-Leuchtstofflampen verwendet werden.

Beleuchtungsdauer Außer der Beleuchtungsintensität vernachlässigen viele Aquarianer eine ausreichend lange Beleuchtung ihrer Wasserpflanzen. Die meist subtropische Herkunft der gebräuchlichen Wasserpflanzenarten begründet das stärkste Wachstum unter Langtagbedingungen, der Tag-Nacht-Rhythmus entspricht 16:8, mindestens aber 14:10 Stunden. Kürzere Beleuchtungszeiten haben für diese Pflanzen die Bedeutung von Vegetationsruhe, d. h., sie bilden im Aquarium dann Kümmerformen aus, die sie in ihren Heimatgebieten in der für sie ungünstigen Jahreszeit zum Überleben annehmen. Dazu steht aber im Widerspruch das reiche Nährstoffangebot und die hohe Wassertemperatur in unseren Aquarien. Diese »Konfliktsituation« überleben die Pflanzen im Aquarium oft nicht. Noch ein Hinweis: Unzureichende Bodengrund- und Wasserbedingungen können bei richtiger Lichtdosierung von der Pflanze besser kompensiert werden als mangelnde Lichtverhältnisse bei bestem Bodengrund und besten Wasserbedingungen.

Beleuchtungsrhythmus Wie schon bei der Behandlung der Beleuchtungsdauer ausgeführt, sind die meisten Wasserpflanzen subtropischer Herkunft; sie stammen aus Gebieten, in denen die Tag-Nacht-Länge im Verlaufe eines Jahres stark wechselt. Ein Teil der Pflanzen blüht unter Langtagbedingungen, andere dagegen im Kurztag, d. h., der Vegetationsschwerpunkt liegt jahreszeitlich in den Heimatgebieten verschieden und hängt mit den unterschiedlichen Wasserständen während der ausgeprägten Regen- oder Trokkenzeiten zusammen. Es würde zu weit führen, das für die Vielzahl der zur Zeit in Kultur befindlichen Wasserpflanzen darzustellen, doch seien wenige Beispiele genannt: Der beliebte, großblättrige Wasserwegerich, *Echinodorus cordifolius,* enttäuschte viele Aquarianer durch allzu kräftigen Wuchs, bei dem er schließlich nur noch über Wasser Blätter bildete und Blüten ansetzte, während die angestrebten Unterwasserblätter völlig fehlten. Andere Aquarianer erzielten vorübergehend diese Unterwasserblätter und empfahlen, diese Pflanze bei kargem Nährstoffangebot in sauber ausgewaschenem Sand zu halten. Die Ursache lag woanders: Bei Beleuchtungszeiten über zwölf Stunden geht *E. cordifolius* in die Sumpfform über und blüht wie unser einheimischer Froschlöffel bei flachem Wasserstand, also während der Trockenzeit, ohne die Bildung von Unterwasserblättern. In sauberem Kies gehaltene Pflanzen bildeten bei mangelhafter Ernährung unter Langtagbedingungen nur kleine und wenige Überwasserblätter, aber auch keine Unterwasserblätter. Nur die Aquarianer, die unter zwölf Stunden beleuchteten, konnten die schönen Unterwasserblätter dieser Pflanze betrachten.

Aber wann? Wenn sie von der Arbeit nach Hause kamen, mußte das Licht ja abgeschaltet werden, sonst würden sich Überwasserblätter bilden. Im Laufe der Zeit verlor daher *E. cordifolius* alle Anhänger, zumal es heute Arten gibt, z. B. *E. horizontalis,* die dekorative, breite Unterwasserblätter gerade im Langtag hervorbringt. Ein anderes Beispiel: Die begehrte Schwarze Amazonas-Pflanze, *E. parviflorus,* wächst üppig und bildet dekorative, mit zahlreichen Blättern versehene Büsche unter Langtagbedingungen. Sie ist heute noch sehr selten, weil sie Blütenstände nur dann bildet, wenn der Beleuchtungsrhythmus zum Kurztag tendiert und 10:14 bzw. 8:16 Stunden beträgt. Dann ändert sich die Blattform; aus dem schmalen, langen Blatt wird ein kurzes, breites, langgestieltes, und zu dieser Zeit werden die Blütenstände gebildet. So haben viele Aquarianer prächtige Exemplare dieser Pflanze, aber keine Jungpflanzen.

Zusammenfassend kann gesagt werden, daß das heutige Wasserpflanzensortiment weitgehend aus solchen Pflanzen besteht, die unter Langtagbedingungen am besten wachsen, denn der berufstätige Aquarienliebhaber beschäftigt sich mit seinen Aquarien doch weitgehend in den Abendstunden und bevorzugt Pflanzen, deren Unterwasserstadium am dekorativsten bei langen Beleuchtungszeiten zur Geltung kommt.

Tageslicht In den Anfangsjahren der Aquaristik war das Tageslicht die einzige zur Verfügung stehende Lichtquelle für die Aquarienpflanzen, deshalb wurde auch meist die Aufstellung des Aquariums in unmittelbarer Nähe des Fensters empfohlen. Die heutigen technischen Möglichkeiten machen uns vom Tageslicht völlig unabhängig und ermöglichen bei Wahrung der richtigen Verhältnisse von Beleuchtungsintensität, Beleuchtungsdauer und Beleuchtungsrhythmus einen ausgezeichneten Pflanzenwuchs. Dennoch kann nicht geleugnet werden, daß Aquarien, die zusätzlich Sonnenlicht erhalten, zumindest bei einigen Pflanzenarten besonders gutes Wachstum zeigen. Meist ist das ein Hinweis, den Rotlichtanteil in solchen Aquarien zu erhöhen. Doch sollte man sich hüten, das besonders gute Gedeihen einer Pflanzenart allein auf Tageslichteinwirkung zurückführen zu wollen, da andere Faktoren, wie z. B. die Nährstoffzusammensetzung im Bodengrund, der Beleuchtungsrhythmus oder der Fischbesatz und die damit zusammenhängende CO_2-Düngung, ebenfalls von Einfluß sein können. Insgesamt ist ein guter Pflanzenwuchs das Ergebnis komplex wirkender Faktoren — selten ist die Ursache in einseitiger Beeinflussung zu suchen.

Die Pflanzen

Einzelpflanzen Sehr ansprechend wirkt es, wenn inmitten mehrerer Pflanzengruppen eine besonders große und gut entwickelte Pflanze von größeren Ausmaßen bis zur Wasseroberfläche emporragt. Solche Einzel- oder Solitärpflanzen haben aber gleichzeitig die Eigenschaft, durch besonders starke Blattentwicklung in Oberflächennähe den darunter wachsenden Pflanzen sehr viel Licht zu entziehen. Man wird genötigt sein, bei solchen Pflanzen von Zeit zu Zeit die meist auch unansehnlicheren Außenblätter zu entfernen. Besonders geeignet sind große Arten der Gattungen *Echinodorus, Cryptocoryne* und Unterwasserformen von Seerosen.

Gruppenpflanzen Viele einzeln recht unscheinbar wirkende Pflanzen können als Gruppe ein dekoratives Element für ein Aquarium darstellen. Man erzielt solche Gruppen zunächst durch das Einpflanzen mehrerer Stengel in unmittelbarer Nähe und durch das spätere Einkürzen dieser Stengel, die abgeschnittenen Stücke werden wiederum hinzugesteckt. Die stehengebliebenen Stengelstücke bestocken sich reichlich und ergeben schließlich ein dichtes Polster. Setzt man mehrere solcher Gruppen mit Pflanzen unterschiedlicher Blattfarbe nebeneinander, so lassen sich sehr wirksame Dekorationseffekte erzielen. Hellgrüne Blätter im Vordergrund, die vor bräunlichen oder rotbraunen Gruppen angeordnet sind, ergeben einen guten Kontrast. Über geeignete Arten werden Sie im Fachhandel beraten.

Die Pflege solcher Polster ist nicht einfach, da die abgekniffenen Stengelstücke stets so tief sitzen müssen, daß sie von davor oder daneben wachsenden neuen Trieben überdeckt werden. Mitunter macht es sich notwendig, solche Polster zweimal in der Woche zurückzukürzen.

Feinfiedrige Stengelpflanzen benötigen meistens sehr viel Licht und wirken am dekorativsten in Gruppenpflanzung. Im Handel sind mehrere Arten der Gattungen *Myriophyllum* — Tausendblatt (Abb. 1), *Cabomba* — Haarnixen und *Limnophila* — Sumpffreund (Abb. 2, 3) erhältlich. Es ist ratsam, solche Pflanzen nicht in unmittelbarer Nähe des aufsteigenden Luftstromes der Durchlüftung zu pflanzen, weil durch herumwirbelnde Schmutzteilchen, die sich in den feinen Blättchen verfangen, bald von der dekorativen Zartheit dieser Pflanzen nichts bleibt und sie nur als Schmutzsäulen im Aquarium stehen.

Cabomba-Arten benötigen einen höheren Rotlichtanteil. Sie gedeihen gewöhnlich mit Zusatz von Glühlampenlicht besser als bei Leuchtstofflampen. Die Vermehrung erfolgt durch Stengelstecklinge, die gut bewurzeln.

Breitblättrige Stengelpflanzen Ebenfalls recht lichtbedürftig sind die breitblättrigen Stengelpflanzen, von denen im Handel die folgenden Gattungen vertreten sind: *Hygrophila* — Wasserfreund, *Nomaphila* — Riesenwasserfreund oder »Kirschblatt« (Abb. 4) und *Synnema* — Wasserwistarie (Abb. 5), letztere beide werden heute botanisch ebenfalls zur Gattung *Hygrophila* gezählt. Im Handel sind sie noch unter den hier genannten Namen erhältlich. Neben diesen intensiv grünen Arten gibt es auch Stengelpflanzen, deren Blattunterseiten rötlich oder tiefrot gefärbt sind. Dazu gehören die *Ludwigia-Arten* (Abb. 6), für die kein deutscher Name gebräuchlich ist, sowie zwei bis drei Arten Papageienblätter der Gattung *Alternanthera* (Abb. 7). Besonders die drei erstgenannten Gattungen sollten nicht zu dicht in Gruppen gepflanzt werden, da sie die Eigenschaft haben, in Oberflächennähe immer größere Blätter zu bilden. Stehen sie dann zu dicht, und ist das Aquarium nur ausreichend und nicht stark beleuchtet, so bleiben nur die obersten drei bis fünf Wirtel mit Blättern besetzt, und die kahlen Stengel bieten keinen sonderlich dekorativen Anblick. Mit etwas Abstand gepflanzt, gelangt noch Licht zwischen die Pflanzen, und die älteren Blätter bleiben erhalten. Die Pflanze richtet sich in ihrem Verzweigungswachstum dann auf die Lichtverhältnisse ein und füllt die vorhandenen Zwischenräume, falls sich genügend Licht über dem Aquarium befindet.

Bei diesen Pflanzen ist interessant, daß sich an abgelösten und an der Wasseroberfläche treibenden Blatteilen Wurzeln bilden. Pflanzt man diese Blattstücke mit Wurzeln ein, so entwickeln sich innerhalb kurzer Zeit — gute Beleuchtung vorausgesetzt — auch daraus junge Pflänzchen. Allerdings sind dazu flache Wasserstände erforderlich. Im üblichen Gesellschaftsaquarium mit etwa 40 cm Wasserstand gelingt diese Art der Vermehrung durch Blattstecklinge nicht.

Falls Pflanzen der drei erstgenannten Gattungen in Ihrem Aquarium nicht zufriedenstellend wachsen, haben sie nicht genügend Lichtintensität, und die Wattzahl müßte verdoppelt werden.

Schmalblättrige Rosettenpflanzen Zum Unterschied von den Stengelpflanzen, bei denen von einer gestreckten Achse, die in Wirtel und Wirtelzwischenräume gegliedert ist, pro Wirtel ein bis mehrere Blättchen oder Blätter entspringen, muß man sich die Rosettenpflanzen als zusammengestauchte Stengelpflanzen vorstellen, deren Zwischenwirtelstücke unendlich klein sind. Sie weisen einen gedrängten Wuchs auf, der sich durch die spiralige Blattanordnung um einen Mittelpunkt, der gleichzeitig das Wachstumszentrum ist, ergibt.

Schmalblättrige Rosettenpflanzen haben meist mehr oder weniger senkrecht aufsteigende Blätter, die z. T. die Oberfläche erreichen und dort noch flutend weiterwachsen. Dazu gehören fast alle Arten der Gattung *Vallisneria* — Sumpfschrauben, von denen es auch zwei riesenwüchsige Formen gibt, die nur in sehr hohen Aquarien zur Geltung kommen. Die einzige Art der Gattung, die nicht bis zur Oberfläche wächst, hat schraubig gedrehte Blätter, erreicht selten mehr als 25 cm Höhe und benötigt sehr viel Licht (Abb. 9).

Auch die Pfeilkräuter der Gattung *Sagittaria* müssen zu dieser Gruppe gerechnet werden. Am beliebtesten ist eine recht breitblättrige Form, deren Blätter auch nicht bis zur Oberfläche, sondern zur Seite wachsen, und mit den Blattspitzen schließlich in Richtung Boden zeigen. Bei Beleuchtungszeiten von über vierzehn Stunden entwickelt dieses Pfeilkraut nicht nur über den Wasserspiegel hinauswachsende Blätter, sondern schließlich auch Blütenstände; dabei kümmern die Unterwasserblätter. Bei einem Beleuchtungsrhythmus von 12:12 Stunden erreicht diese Pflanze jedoch ihre dekorativste Form.

Diese Pflanzen bilden typische Ausläufer. Deshalb ist es nötig, die im Pflanzenschema vorgesehenen Räume durch Einkürzen der Ausläufer im gewünschten Maß eingeschränkt zu halten, weil ständig die Tendenz besteht, das gesamte Aquarium zu durchwuchern.

Breitblättrige Rosettenpflanzen Diese Wuchsformgruppe umfaßt die wohl dekorativsten Pflanzenarten und damit die begehrtesten Wasserpflanzen. Es sind einmal die unter dem Sammelbegriff Amazonas-Pflanzen zusammengefaßten *Echinodorus*-Arten Süd- und Mittelamerikas, weiterhin die indischen *Cryptocoryne*-Arten, einige Seerosen-Arten der Gattung *Nymphaea* sowie die ebenfalls indische Gattung *Barclaya* (Abb. 10, 11, 12, 18).

Alle *Echinodorus*-Arten benötigen viel Licht. Da sie z. T. recht groß werden, nehmen sie durch Beschattung kleinerbleibenden Pflanzen oft die erforderlichen Lichtmengen weg und bilden kräftige, auffallende Einzel- oder Solitärpflanzen. Sie kommen im Mittelteil und im Hintergrund eines Aquariums am besten zur Geltung. Unter guten Pflegebedingungen bilden diese Arten etwa pro Woche ein neues Blatt, und man kann an der Blattbildungsgeschwindigkeit ihr Wohlbefinden ablesen. Tritt der Fall ein, daß für ein neugebildetes Blatt ein älteres gelb und unansehnlich wird, so fehlt der Pflanze mineralischer Nährstoff. Sie sind dann für Lehmgaben sehr dankbar und zeigen das mit äußerst kräftigem Wuchs der nächstfolgenden Blätter. Ihre Vermehrung erfolgt zum überwiegenden Teil durch Adventivpflanzen, die sich an Blütenständen bilden, nachdem die Blütezeit vorüber ist. Manche Arten blühen unter Aquarienbedingungen gar nicht erst, sondern bilden sofort Adventivpflanzen, die nicht zu früh abgelöst werden sollten. Man kann die Bildung solcher Tochterpflanzen durch das starke Einkürzen der Mutterpflanze hervorrufen. Einige Arten bilden im Langtag Überwasserblätter. Sie sind unter entsprechenden Beleuchtungsverhältnissen durch nichts daran zu hindern und damit nur für Uferaquarien oder Sumpfaquarien mit entsprechend abgeschlossenem Luftraum geeignet, der, um diesen hohen Wuchsformen Raum zu bieten, geräumig genug sein muß.

Unter den Cryptocorynen (Abb. 13, 14, 15) findet man sowohl große Arten, die als Solitärpflanzen geeignet sind, als auch kleinbleibende, die durch ihre je nach Art verschiedenfarbigen Blätter reizvolle Gruppenkontraste zwischen Hellgrün bis tief Dunkelrot ermöglichen. Cryptocorynen stehen zu Unrecht in dem Ruf, nur mäßig lichtbedürftig zu sein. Das trifft tatsächlich aber nur auf die in Aquarien häufigste Art zu, *C. affinis.* Diese Art ist wirklich äußerst genügsam — sie gedeiht aber unter reichlicher Lichtzufuhr wesentlich besser.

Die Erscheinung, daß üppig wachsende Cryptocorynen-Bestände innerhalb weniger Wochen zerfallen, wird landläufig als sogenannte Cryptocorynen-Krankheit bezeichnet. Tatsächlich handelt es sich hier aber nicht um eine Infektionskrankheit, sondern um die Summe verschiedener Hälterungsfehler, die, sobald ein kritisches Maß überschritten wird, zur Auflösung der Pflanzen führen. Die Rhizome bleiben aber erhalten und treiben — mitunter sogar wesentlich üppiger als vorher — wieder aus, sobald zusagende Verhältnisse geboten werden. Dazu gehört vor allem ein regelmäßiger Wasserwechsel. Oft wird das Zusammenbrechen von Cryptocorynen-Beständen gerade dann beobachtet, wenn nach anhaltend unterbliebenem Wasserwechsel plötzlich der gesamte Wasserinhalt erneuert wird; aber auch Schwankungen in der Lichtintensität und Beleuchtungsdauer können auslösend wirken.

Die Vermehrung erfolgt durch Ausläufer meist in unmittelbarer Nähe der Mutterpflanze, so daß in mehreren Jahren sehr dichte Bestände entstehen können.

Die Seerosen der Gattung *Nymphaea* (Abb. 16) wirken am dekorativsten, wenn sie im Stadium der Bildung von Unterwasserblättern sind. Sobald Schwimmblätter gebildet werden, sieht man nur noch die Stengel, und der Nachteil für das Aquarium besteht darin, daß die flächigen Schwimmblätter viel Licht wegnehmen. Dafür entschädigen sie uns oft mit äußerst dekorativen, wenn auch nur stundenweise lebensfähigen Blüten. Alle Seerosen-Arten gedeihen am besten bei starken Düngergaben, doch überwuchern sie dann wiederum häufig das gesamte Aquarium.

In den letzten Jahren erfreuen sich zwei Arten der den Seerosen nahestehenden Gattung *Barclaya* großer Beliebtheit. Die zugespitzten, gestreckt dreieckigen Blätter vereinigen die positiven Merkmale von Cryptocorynen- und Seerosen-Unterwasserblättern. Leider werden die zarten Blätter bevorzugt von Schnecken gefressen. Falls *Barclaya* nicht ausreichend Licht bekommt, setzt sie immer mehr zurück und ist eines Tages verschwunden. Auf Seite 40 wird beschrieben, wie man diese Pflanzen richtig ins Aquarium bringt.

Schwimmpflanzen Die ausschließlich an der Wasseroberfläche oder unter der Wasseroberfläche schwimmenden Pflanzenarten schaffen zwar gute Versteckplätze für sehr kleine Jungfische, sollten aber wegen ihrer zu starken Lichtdämpfung nur äußerst sparsam in das Becken gebracht werden, bzw. muß ihr Bestand ständig eingeschränkt werden. Hierzu zählen die Wasserhyazinthe der Gattung *Eichhornia,* die Muschelblume, *Pistia,* mehrere kleinbleibende Schwimmfarne sowie das schwimmende Lebermoos, *Riccia.* Da unsere Aquarien ohnehin oft unterbeleuchtet sind, kann im Interesse des Unterwasserwuchses der anderen Pflanzen nur eindringlich vor Schwimmpflanzen gewarnt werden, zumal sie sich stark vermehren. Man kann den Bereich, in dem Schwimmpflanzen wachsen sollen oder dürfen, durch einen zwischen zwei oder drei Gummi-Saughaltern für Thermometer in unmittelbarer Oberflächennähe gespannten Kunststoffaden (Angelschnur) begrenzen, man muß aber trotzdem den Zuwachs stets entfernen.

Farne Neben einigen Schwimmpflanzen werden nur wenige Farne als untergetauchte Aquarienpflanzen kultiviert. Einmal ist das der häufige Hornfarn der Gattung *Ceratopteris,* der sowohl schwimmend als auch eingepflanzt gut gedeiht. Eine Form mit besonders fein verästelten Blättchen wird als »Filigranfarn« bezeichnet. Aus abgebrochenen Blättern entwickeln sich zahlreiche Jungpflänzchen, die man bis zur Pflanzfähigkeit schwimmend heranwachsen läßt.

Von derber Beschaffenheit sind die Blätter des Schwarzwurzel- oder Etagenfarns der Gattung *Microsorium* (Abb. 17). Oft bilden sich im oberen Drittel eines Blattes neue kleine Pflänzchen, die man nicht zu früh ablösen sollte. Dieser Farn braucht nicht eingepflanzt zu werden — er gedeiht viel besser, wenn man ihn mit einem Saughalter an der Rückwand oder an den Seitenscheiben befestigt oder mit einem Stück Angelschnur auf eine Wurzel bindet.

Ähnlich in der Wuchsweise, aber mit aufgefiedertem Blatt, ist der afrikanische Farn *Bolbitis heudelotii.* Beide Arten wachsen um so schneller, je größer ihre zusammenhängende Bestandsmasse ist. Man hüte sich davor, diese Pflanzen zu früh und in zu kleine Stücke zu teilen. Zum Fortbestand bei guter Entwicklung sind mindestens fünf gut ausgebildete Blätter erforderlich. Darauf sollte man auch beim Kauf achten.

Bepflanzung Unsere Einstellung zum Aquarium hat sich in den letzten Jahrzehnten zunehmend zugunsten dekorativ bepflanzter Aquarien verändert. Zwar sind auch heute noch die lebendig umherschwimmenden Fische mit ihren prächtigen Farben und bizarren Formen der Hauptantrieb, sich ein Aquarium anzuschaffen. Der geringste Teil der Aquarianer kam über das Interesse an Wasserpflanzen zur Aquaristik, aber früher oder später kommt auch der eingefleischteste Fischinteressent zur Gestaltung seines Aquariums. Zudem sind wir heute in der Lage, mit Hilfe wesentlich verbesserter Beleuchtungseinrichtungen unseren Aquarienpflanzen Lichtverhältnisse zu schaffen, die prächtigen Wuchs und z. T. reichliche Vermehrung gewährleisten.

Eines müssen wir jedoch, um falschen Vorstellungen vorzubeugen, hier deutlich aussprechen: Wir bepflanzen ein Aquarium ausschließlich für uns! So gern sich der Aquarianer auch der Vorstellung hingibt, mit der Bepflanzung etwas zum »biologischen Gleichgewicht« im Aquarium beizutragen, so sollte man doch in dieser Hinsicht jede falsche Illusion ausräumen. Zwar ist es richtig, daß Wasserpflanzen aus dem Aquarienwasser Kohlendioxid entnehmen und Sauerstoff in das Wasser abgeben. Richtig ist aber auch, daß das erwähnte Kohlendioxid von den Fischen stammt und der abgegebene Sauerstoff von den Fischen aufgenommen wird. Doch wollten wir den Besatz an Pflanzen und Fischen auf die gegenseitig verfügbaren Mengen einstellen, so dürften wir ein 100 Liter fassendes Aquarium mit maximal einem Fisch und höchstens zwei mittelgroßen Pflanzen besetzen. Dieses Verhältnis würde aber schon dadurch gestört, daß die Pflanzen sich vermehren werden, wodurch das Bedarfsgefälle zunehmend in Richtung Pflanze verläuft — im Endeffekt stünde den sich entwickelnden Pflanzen bei weitem nicht das erforderliche Maß an lebensnotwendigen Aufbaustoffen zur Verfügung. Die übliche stärkere Besetzung eines Aquariums sowie die sich immer mehr durchsetzende Neigung, Aquarien dicht zu bepflanzen, erfordert vom Aquarianer, den Zustand eines Aquariums ständig auszubalancieren, da der hohe Fischbesatz wie auch die dichte Bepflanzung ohne kontrollierende und steuernde Eingriffe nicht bei guter Verfassung zu erhalten sind.

Die heute zur Verfügung stehenden technischen Hilfsmittel erlauben jeweils eine Verzögerung der notwendigen Eingriffe, schließen sie aber nicht aus. So häufen sich die Stoffwechselprodukte der Fische an, ohne daß sie von den Pflanzen abgebaut werden können. Andererseits verbrauchen die Wasserpflanzen nachts mehr Sauerstoff, als von ihrer Assimilationstätigkeit während der Beleuchtungszeit noch im Aquarium vorhanden ist, weil die Fische ja tagsüber bereits erhebliche Mengen des gelösten Sauerstoffs veratmet haben. Nachts tritt daher eine doppelte Sauerstoffzehrung auf, die bei dichtem Fischbesatz und dichter Bepflanzung ohne das technische Hilfsmittel der zusätzlichen Durchlüftung für die Fischbestände gefährlich werden würde.

Erinnern wir uns an unseren Biologieunterricht: Pflanzen bilden unter Lichteinwirkung aus den energiearmen Stoffen Kohlendioxid und Wasser den energiereichen Traubenzucker, der in Form von Stärke in der Pflanze gespeichert wird. Dabei wird Sauerstoff frei. Dieser Sauerstoff steht den tierischen Lebewesen zur Verfügung, die stets bei ihrer Ernährung auf energiehaltige Stoffe angewiesen sind, die ihrerseits irgendwann einmal von pflanzlichen Lebewesen während des soeben beschriebenen Prozesses gebildet wurden. In der Schule wurde uns das unter der Überschrift Assimilation dargeboten. Der Energiegewinn zur Bestreitung der Lebensprozesse, gleichgültig, ob bei Pflanzen oder Tieren, erfordert die chemische Zerlegung der energiereichen Speicherstoffe, die nur dann durchführbar ist, wenn Sauerstoff aufgenommen wird. In diesem zweiten Teil haben Pflanzen und Tiere die gleichen Bedürfnisse. Im Biologieunterricht wurde uns dieser Vorgang als Dissimilation oder Atmung nahegebracht. Der doch recht enge Lebensraum eines Aquariums erlaubt diese Vorgänge nur innerhalb eines begrenzten Spielraums, der jedoch mit Hilfe einer Durchlüftung um ein Vielfaches erweitert werden kann.

Wie unter dem Stichwort »Durchlüftung« erklärt wurde, besteht der wesentlichste Vorzug in der Schaffung einer gewissen Turbulenz, in deren Folge möglichst viele Wasserteilchen möglichst oft an die Grenzfläche Wasser—Luft geführt werden. Dabei kann überschüssiges Kohlendioxid abgegeben und fehlender Sauerstoff aufgenommen werden, während der direkte Sauerstoffeintrag durch die aufsteigenden Luftbläschen von vielen Aquarianern wahrscheinlich wesentlich höher eingeschätzt wird. Der aufsteigende Luftbläschenstrom ist also lediglich der Motor für die Wasserumwälzung, während der an der Wasseroberfläche Kohlendioxidabgabe und Sauerstoffeintrag erfolgen.

Nun haben wir dargestellt, welche Bedeutung die Aquarienbepflanzung *nicht* hat. Vorher sagten wir, daß wir ein Aquarium ausschließlich, oder besser nahezu ausschließlich, für uns bepflanzen. Fische kommen nämlich, falls sie nicht ausgesprochene Pflanzenfresser sind oder auf bestimmte Pflanzen ihren Laich ablegen, völlig ohne Pflanzen aus. Sie mögen ohnehin ein freundliches Halbdunkel weitaus mehr als intensive Beleuchtung, aber sie haben sich daran gewöhnt. Wenn wir also ein Aquarium bepflanzen, so tun wir es vor allem zur Befriedigung unseres ästhetischen Bedürfnisses. Wir sind dabei gleichzeitig schöpferisch tätig, denn so wie wir ein Aquarium bepflanzen, stellen wir uns eine Unterwasserlandschaft her, die wir als schön empfinden. Die Natur kann uns in den wenigsten Fällen da Vorbild sein, weil es wohl nirgends ähnliche Pflanzenanordnungen an natürlichen Standorten gibt, wie wir sie im Aquarium nach unserem Bedürfnis komponieren. Es klingt so verführerisch einleuchtend, wenn ein mit südamerikanischen Salmlern und südamerikanischen Wasserpflanzen besetztes Becken als »Biotop-Aquarium« bezeichnet wird. Doch Südamerika ist groß, der natürlichen Biotope gibt es viele, und die in Ihrem Aquarium miteinander gepflegten Fisch- und Pflanzenarten begegnen sich nicht unbedingt auch in der Natur, Es entspräche also mehr den Tatsachen, nach geographischen Gesichtspunkten besetzte und bepflanzte Aquarien z. B. als ein Salmler-Becken mit einer *Echinodorus*-Sammlung oder, auf südostasiatische Verhältnisse übertragen, als ein Barben-Aquarium mit einer Sammlung verschiedener Cryptocorynen zu bezeichnen.

Dabei ist es den Salmlern »völlig gleichgültig«, daß sie vielleicht um eine Cryptocoryne herumschwimmen, und Keilfleckbarben laichen auch unter einem Echinodorusblatt ab, wenn es nur breit genug ist.

Dagegen werden Sie es wahrscheinlich recht dekorativ finden, wenn eine starke frischgrüne Solitärpflanze einer *Echinodorus*-Art mit den dunkelrotbraunen Blättern einer Gruppe von Cryptocorynen kontrastiert, wenn hinter der derben breitblättrigen *Echinodorus*-Pflanze sich ein ganzes Büschel zartgefiederter Blattquirle einer indischen *Limnophila*-Art erhebt und neben einer am Boden liegenden Schieferplatte ein Rasen von kleinbleibenden wiederum frischgrünen Cryptocorynen den Kies überwuchert. Wenn Ihr Aquarium so aussieht, dann haben *Sie* das geschaffen, weil es Ihrem ästhetischen Bedürfnis entsprach, und die Befriedigung, die von solch einem gut eingerichteten, weil gut bepflanztem Aquarium ausgeht, ist nicht geringer als diejenige, die Sie beim Betrachten Ihres gesunden Fischbesatzes oder eines zügig heranwachsenden Jungfisch-Schwarmes empfinden. Ein gut bepflanztes Aquarium macht Sie um ein Erfolgserlebnis reicher!

Einpflanzen Wie bringt man nun neue Pflanzen in den Bodengrund? Teils erwirbt man sie bereits mit Wurzeln, teils — besonders die Stengelpflanzen — als unbewurzelte Stecklinge.

In jedem Fall sollte vermieden werden, mit großen Mengen alter Wurzelmasse, auch wenn sie schön weiß sind, potentielle Fäulnisherde in den Bodengrund zu bringen. Es wird daher in der Literatur empfohlen, die Wurzelbüschel zurückzuschneiden und die Pflanzen so in den Boden zu bringen, daß der Wurzelhals, d. h. die Zone zwischen Wurzel- und Blattansatz, knapp über dem Boden liegt.

Nun versuchen Sie das einmal mit der breitblättrigen Sagittarie! Diese Pflanze hat einen so starken Auftrieb, daß sie unter diesen Umständen nicht im Boden haftet. Und viele andere Pflanzen haben die gleiche Eigenschaft. Auf die Gefahr hin, daß Ihr Aquarium in den ersten vierzehn Tagen nicht ganz so ideal bepflanzt aussieht, empfehle ich Ihnen, auf die Pflanzen seitlich in der Nähe der Wurzeln einen genügend schweren Stein zu legen, so daß der Auftrieb unterbunden wird. Schon in den nächsten Tagen wird die an den Boden gedrückte Pflanze neue Wurzeln treiben und sich auf natürliche Art im Bodengrund verankern. Das ist etwa nach einer Woche abgeschlossen. Dann nehmen Sie den Stein herunter, und die Pflanze hat nun eine weitere Woche Gelegenheit, sich zum Licht hin aufzurichten. Danach sieht die Pflanze so aus, als wäre sie an Ort und Stelle gewachsen. Und richtig besehen, ist das ja auch so. Stengelpflanzen legt man gleich in der Gruppe mit etwa drei Wirteln auf den Boden. Man kann in solchen Fällen auch eine Pflanzennadel verwenden, weil der Auftrieb von Stengelpflanzen meist wesentlich geringer ist.

Sind die Pflanzen gut angewurzelt, schneidet man die alten Wurzeln, die noch über dem Bodengrund liegen, kurzerhand ab. Oft haben sie sich schon aufgelöst. Das bedeutet jedoch nicht Fäulnis, weil es im Wasser geschah, wo soviel Sauerstoff vorhanden ist, daß keine »Ansatzpunkte« für spätere »schwarze Stellen« im Bodengrund gebildet werden könnten.

Pflanzschema Bevor man an die Einrichtung eines Aquariums geht, das man besonders dekorativ gestalten möchte, ist es vorteilhaft, sich vorher zwei Zeichnungen anzufertigen. Zunächst entwirft man die Frontansicht, gestaltet also den Anblick, den das Aquarium später bieten soll. Zweitens, und das ist schon schwieriger, beschäftigt man sich in der Draufsicht mit der Gestaltung der Pflanzflächen, d. h., man geht davon aus, in welcher Weise die

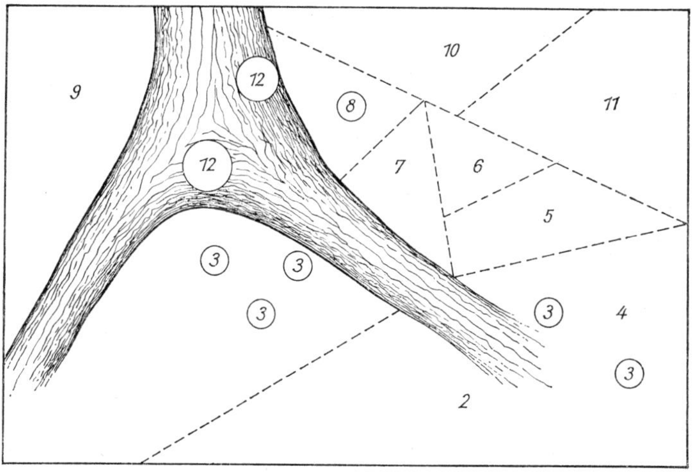

Vorschlag eines Pflanzschemas
1,2 kleinbleibende Arten (*Echinodorus tenellus, Cryptocoryne nevilli* oder *Sagittaria subulata*), 3 eine mittelgroße Einzelpflanze (*Echinodorus horizontalis, E. aschersonianus* oder eine bräunliche *Cryptocoryne*-Art), 4 unterschiedlich lange *Ludwigia-* oder *Limnophila*-Stengel in lockerem Bestand, 5 dichtes Polster von mittelgroßen *Cryptocorynen* oder *Echinodorus latifolius,* 6 mehrere Stengel einer *Nygrophila*-Art (auch *Nomaphila stricta*), 7 mehrere Stengel einer Papageienblatt-Art, 8 eine große Einzelpflanze (*Echinodorus amazonicus, E. bleheri, E. osiris* oder *Nymphaea lotus*), 9 mehrere Stengel der großen *Limnophila aquatica,* 10 *Egeria densa-* oder *Vallisneria*-Bestand, 11 *Cabomba-* oder *Myriophyllum*-Bestand, 12 *Microsorium,* an die Wurzel geheftet

beabsichtigten Pflanzgruppen angelegt werden müssen, damit sie die gewünschte Frontansicht ergeben. Man wird dabei am besten von einem Terrassenaufbau ausgehen, den Schwerpunkt des Bildes etwa zu einem Drittel aus der Mitte versetzen und viel mit dreieckigen Grundflächen arbeiten. Die beigefügte Skizze sollen Sie nicht unbedingt nachgestalten, sondern als einen Vorschlag auffassen, den Sie individuell variieren. Durch geschicktes Terrassieren des Untergrundes und entsprechende treppenartige Bepflanzung, die an bestimmten Schwerpunkten durch große Einzelpflanzen aufgelockert wird, können Sie das Aquarium bis zu 80 Zentimeter tiefer erscheinen lassen, als es tatsächlich ist.

Wichtig ist dabei vor allem, daß Sie sich mit der Bepflanzung und den Pflanzgruppen nicht erst beschäftigen, wenn Sie bereits beide Ärmel hochgekrempelt haben und in einer Wasserlache stehen, sondern daß Sie versuchen, Ihr dekoratives Schauobjekt schon lange vorher »architektonisch« zu durchdenken. Vielleicht sind nicht alle Pflanzen sofort greifbar, und vielleicht muß manches erst heranwachsen, damit Sie Ihre Vorstellungen verwirklichen können, aber dafür ist das, was Sie schaffen, gleichzeitig lebendig und bedarf vielfältiger Korrekturen. Liegt darin nicht ein ganz besonderer Reiz?

Düngung Bei starkem Pflanzenwuchs, der natürlich zur Folge hat, daß viele gelöste Stoffe aus Bodengrund und Wasser in Form pflanzlicher Materie gebunden werden, stellt sich die Frage nach der Notwendigkeit der erforderlichen Nachschublieferungen meist von selbst. Immerhin soll ja gutes Pflanzenwachstum zumindest erhalten werden, oder es besteht der Wunsch, mäßiges Pflanzenwachstum zu verbessern. Jede Art des Einbringens von notwendigen Stoffen muß man als Düngung bezeichnen — gleichgültig, ob diese Stoffe dem Bodengrund oder dem Wasser zugefügt werden. Das soll hier vor allem deshalb betont werden, weil in Analogie zum Gartenbau auch der Aquarianer vielfach dazu neigt, unter Dünger nur Stoffe zu verstehen, die der Pflanze über den Bodengrund und damit über das Wurzelwerk zugeführt werden.

Die in fester und flüssiger Form abgeschiedenen Stoffwechselprodukte der Fische belasten das Wasser, ohne eine Düngung darzustellen. Sie müßten, um von den Pflanzen abgebaut werden zu können, erst durch Mikroorganismen aufbereitet werden, aber unser Aquarium soll ja nicht in seiner Gesamtheit zum Klärschlammbecken werden. Deshalb sollte, wenn man den Pflanzen schon Dünger zukommen lassen will, grundsätzlich nur anorganisch gedüngt werden, d. h., man bringt entweder Lehm in den Bodengrund oder gewährleistet durch häufigen Wasserwechsel mineralischen Nachschub durch die im Wasser gelösten Salze. In nur mit wenigen Fischen besetzten, aber reich bepflanzten Aquarien kann es zu Kohlendioxidmangel kommen, weil das von den Fischen bereitgestellte Kohlendioxid bei intensiver Beleuchtung nicht ausreicht, um die Assimilation der Wasserpflanzen aufrechtzuerhalten. Die Pflanzen sind in der Lage, sich aus den Kalziumverbindungen das erforderliche Kohlendioxid zu beschaffen, das erkennt man daran, daß sich auf manchen Wasserpflanzen nach intensiver Beleuchtung Kalkablagerungen niederschlagen. Hier hilft nur das zusätzliche Einleiten von Kohlendioxid, um das Kalk-Kohlensäure-Gleichgewicht zugunsten der Pflanzen zu regulieren. Dabei ist es gleichgültig, ob technisches CO_2 oder das Gas aus warmgehaltenen Ballons mit Hefe und Zucker in wässriger Lösung durch einen dünnen Schlauch ins Aquarium geleitet wird. Noch ein Wort zu den Kalkablagerungen auf den Wasserpflanzen. Sie sind nicht nur lästig, sondern können auch das erste Anzeichen einer gefährlicheren Folge dieses gestörten Kalk-Kohlensäure-Gleichgewichts sein. Gefährlich ist nämlich, daß sich in Verbindung mit diesem Vorgang der pH-Wert des Wassers in den alkalischen Bereich verschieben kann.

Trotz regelmäßigen Wasserwechsels kann es aber vorkommen, daß der Mineralbestand aufgrund der chemischen Beschaffenheit des Leitungswassers nicht ausreicht. Insbesondere *Echinodorus*-Arten sind dann sehr häufig von blaßgelber Farbe, und die neugebildeten Blätter erreichen nicht die Größe der vorhergehenden. Dann ist der Zeitpunkt gekommen, die Pflanzen mit kleinen Lehmgaben zu versehen. Näheres siehe S. 23.

Häufig liegen im Aquarium Verbindungen vor, die von der Pflanze in der vorliegenden Form nicht genutzt werden können. Das trifft insbesondere für Eisenverbindungen zu. Vielfach wird bei Eisenmangel geraten, Komplexone hinzuzufügen. Das ist zweifellos wirksam und erfolgreich, setzt aber auch eine gewisse Wirkungszeit voraus. Damit wird eines immer sinnlos — entweder die Komplexon-Gabe oder der Wasserwechsel. Man muß sich entscheiden, ob im speziellen vorliegenden Fall auf die Dauer gesehen das regelmäßige Wasserwechseln oder das seltenere Wasserwechseln bei Komplexon-Gaben vorteilhaft ist. Pauschalrezepte kann man da nicht geben.

Die hier mögliche Vollständigkeit soll auch noch einen Hinweis auf Versuche mit Vitamin-Präparaten erlauben. Es wurde von Wachstumserfolgen mit Multivitaminpräparat-Gaben besonders bei jungen *Aponogeton*-Pflänzchen berichtet. Es ist bisher ungenügend untersucht, welche Art der günstigen Beeinflussung hierbei erzielt wurde, fest steht, daß *Aponogeton*-Sämlinge anderswo auch ohne derartige Gaben gut und reichlich gedeihen. Wer also Schwierigkeiten mit dem Pflanzenwuchs hat, könnte immerhin auch einmal Versuche in dieser Richtung machen und über die Ergebnisse berichten.

Vermehrung Die wenigsten Aquarianer werden das einzurichtende Aquarium sofort üppig und etwa im Sinne eines Endzustandes bepflanzen können. Ganz abgesehen davon, daß das eine finanzielle Frage sein kann, bekommt man auch nicht immer all die Arten, die man gerne hätte, und muß sie erst über längere Zeit zusammentragen — und schließlich besitzt man ja ein gewisses gärtnerisches Interesse, sein Aquarium nach und nach zu der Landschaft heranwachsen zu sehen, die man sich vorgestellt hat. Dazu ist es notwendig, aus einer oder ein paar käuflich erworbenen Pflanzen lockere oder dichte Gruppen, Rasen oder im Hintergrund ganze Dickichte heranwachsen zu lassen. Die Pflanzen müssen sich also nicht nur erhalten, sondern sie sollen sich auch vermehren.

Am einfachsten sind die Stengelpflanzen zu vermehren. Sobald sie in der Nähe der Oberfläche angekommen sind, kneift man den Stengel knapp über einem Blattansatz ab, setzt das abgekniffene Stück an die vorgesehene Stelle in den Bodengrund, und man wird bald erleben, daß aus den Blattachseln des stehengebliebenen eingewurzelten Stengels neue Knospen treiben, die in Abhängigkeit von Beleuchtungsstärke und Wasserstand nach wenigen Wochen wiederum die Oberfläche erreicht haben. Wir haben damit schon mindestens zwei, häufig sogar drei und mehr Stengel gewonnen, weil aus dem stehengebliebenen Stengelteil nicht nur vom obersten Blattachselpaar, sondern auch von weiter unten liegenden Blattachseln, an denen oft gar keine Blätter mehr sitzen, neue Triebe emporwuchsen. Durch diesen »Bestockungseffekt« erzielen wir innerhalb eines Vierteljahres dichte Büsche, die geeignet sind, technische Hilfsmittel in den hinteren Aquarienecken zu verdekken.

Andere Pflanzen treiben Ausläufer. Wir finden dieses Vermehrungsprinzip meistens bei Rosetten-Pflanzen. Aus einer Blattachsel der Rosette schiebt sich dann ein Trieb knapp über den Bodengrund oder auch unsichtbar unter die Oberfläche des Bodengrundes, und eines Tages entdecken wir eine Jungpflanze in oft erheblicher Entfernung von der Mutterpflanze. Es kann sein, daß sich diese erfreuliche Tatsache nicht mit unserem geplanten Bepflanzungsschema verträgt und eine Jungpflanze einer großwüchsigen Art unmittelbar an der vorderen Sichtscheibe erscheint. Würden wir sie dort belassen, wäre nach kurzer Zeit die Einsicht in das Aquarium stark erschwert. Wir möchten jedoch diese Pflanze als Exemplar nicht missen. An den geplanten Standort sollten wir sie jedoch erst dann setzen, wenn sie mindestens fünf bis sieben Blätter und ein gut ausgebildetes Wurzelwerk besitzt. Es gehört zu den Pflegearbeiten am Aquarium, wildes Ausläuferwachstum zu korrigieren und geschlossene Gruppeneinheiten zu bewahren.

Ähnlich wie Ausläufer, und von manchen Aquarianern auch so bezeichnet, erscheinen uns Jungpflanzen, die sich an Blütenständen bilden können. In solchen Fällen spricht der Botaniker aber von Adventivpflanzen. Deren Behandlung erfolgt ähnlich wie die der Ausläufer. Da aber Adventivpflanzen sehr häufig ins freie Wasser entsandt werden, können wir meistens den Standort der Jungpflanze bestimmen, ehe sie sich im Bodengrund verankert hat. Man sollte aber solche an Blütenständen gebildete Jungpflanzen erst vom Blütenstengel lösen, wenn mindestens drei, besser noch mehr Wurzeln von mehreren Zentimetern Länge gebildet worden sind. Beim Ablösen dieser Jungpflanzen passiert zunächst dem Ungeübten das Mißgeschick, daß von einer solchen Pflanze alle Blätter abreißen, der Wurzelteil aber am Blütenstengel fest haftet und dort verbleibt. Wer sicher gehen will, schneide dann lieber den gesamten Blütenstengel ab und pflanze das junge Pflänzchen mit einem kurzen Stück davon ein. Im Laufe der Zeit wächst die Fertigkeit, durch geschicktes Drehen und gleichzeitiges sanftes Ziehen gegen die Wuchsrichtung des Blütenstengels die Jungpflanze ohne Beschädigung der Blätter oder des Wurzelwerkes vom Blütenstand zu lösen. Oft hat man dann die Freude, aus den Narben des unversehrt gebliebenen Blütenstandes erneut Jungpflanzen gewinnen zu können.

Nur wenige Wasserpflanzen können vom Liebhaber ohne größeren Aufwand aus Samen gezogen werden. Meist stößt die Befruchtung der Blütenorgane zum rechten Zeitpunkt schon auf Schwierigkeiten. Eigentlich sind es nur zwei Pflanzengattungen, die in Aquarien reichlich vertreten sind und aus Samen gezogen werden. Das sind einmal die Wasser-Ähren der Gattung *Aponogeton*, von denen nur eine Art, *Aponogeton undulatus*, Adventivpflanzen bildet, und zum anderen die allerdings viel selteneren *Barclaya*-Arten mit einer unter Wasser bleibenden, sich selbst befruchtenden Blüte. In beiden Fällen sind die Fruchtansätze unübersehbar. Am *Aponogeton*-Blütenstand bilden sich rings um die fleischige Blütenstandachse stark anschwellende, hellgrüne bis schwach rötliche Samen, die sich ablösen, zu Boden sinken und auf feinem Kies mit geringer Lehmbeimischung bei intensiver Beleuchtung rasch auskeimen und schnell heranwachsen. Schwellen *Barclaya*-Blüten, die sich unter Wasser selten öffnen, im unteren Teil stark an, so kann man gewiß sein, auch von dieser Pflanze Samen erzielen zu können. Allerdings erfordert das zu dieser Zeit sorgfältige Beachtung.

Innerhalb weniger Stunden löst sich die Samenkapsel auf, und nur zu schnell sind die Fische dabei, das weiche, schleimige Substrat zu verzehren. Dabei werden die kleinen, stachligen Samen weit verstreut und möglicherweise mit dem Mulm beim nächsten Wasserwechsel abgesaugt. Falls doch Samen übrigbleiben, reicht erfahrungsgemäß das Licht in der Bodenzone nicht aus, um den Keimlingen ein Fortkommen zu ermöglichen. Gelingt es Ihnen aber, die Samenkapsel zur rechten Zeit zu bergen, dann brauchen Sie sie nur in einem Glas aufzubewahren, wo aus den kleinen Samen bald die Keimlinge hervorbrechen. Einen Blumentopf füllt man dann zu zwei Dritteln mit feinkörnigem Sand, schüttet darauf das Wasser mit den Samen und bedeckt die Keimlinge mit einer ganz dünnen Schicht von höchstens 2 Millimeter feinem Sand. Obgleich mitunter empfohlen wird, diesen Blumentopf nur mäßig hell unterzubringen, hatte ich gute Erfolge, wenn ich das Gefäß sehr hell aufstellte. Sobald die Keimlinge etwa zwei bis drei Blätter von etwa 3 cm Länge besitzen, müssen sie vereinzelt werden. Oft haben diese kleinen Pflanzen Schwierigkeiten, im Aquarium bei Wasserständen von über 30 cm gut fortzukommen. Auch gerade erworbene Jungpflanzen kümmern vielfach, wenn sie sofort in den Bodengrund gesetzt werden. Man muß diese Pflanzen zunächst in Oberflächennähe kultivieren und dabei entweder einen Blumentopf, an drei Angelschnurstücken schwebend, im Wasser einbringen oder ihn auf ein entsprechendes Gestell setzen, so daß die jungen Pflanzen mit ihren Blättern stets die Oberfläche erreichen. Je älter die Pflanzen werden, desto tiefer kann der Blumentopf gestellt werden, aber stets müssen die Blätter bis zur Oberfläche gelangen. Mitunter dauert es ein Vierteljahr, bis die Pflanze unten angekommen ist. So eingewöhnte Jungpflanzen gedeihen immer.

Die zahlreichen Aquarienpflanzen weisen natürlich eine ganze Anzahl von besonderen Vermehrungseigentümlichkeiten auf, die hier nicht alle genannt werden können. Erwähnt sei nur noch die Methode der Rhizomteilung, die bei großen Farnen der Gattungen *Microsorium* und *Bolbitis* vorgenommen wird. Es muß aber davor gewarnt werden, zu kleine Pflanzen zu teilen. Man sollte zunächst einen Busch auf mehr als fünfzehn Blätter anwachsen lassen, ehe man ein Rhizom-Stück mit etwa fünf Blättern abtrennt. Ausführlicheres über Wasserpflanzenvermehrung entnehme man speziellen Arbeiten in Zeitschriften und Fachbüchern.

Schnecken Die Notwendigkeit von Schnecken im Aquarium ist umstritten. Fragen wir zunächst nach dem Formenschatz von Schnecken, der uns zur Verfügung steht. Abgesehen von den zufällig beim Futterfang eingeschleppten einheimischen Schneckenarten oder deren Gelegen, sind es eigentlich nur drei Wasserschnecken, die in unseren Aquarien anzutreffen sind:

Am häufigsten und am unbeliebtesten ist die rote Posthornschnecke, *Helisoma nigricans,* und deren bräunliche bis schwarze Varianten. So hübsch diese rote Schnecke auch gelegentlich anzusehen sein mag — sie beschränkt sich leider nicht, wie in der Literatur vielfach angepriesen, auf die Algenschicht der Betrachtungsseite des Aquariums, sondern sie frißt üble Löcher in unseren dekorativen Pflanzenwuchs. *Die* Posthornschnecke in der Einzahl gibt es wahrscheinlich gar nicht. Innerhalb kürzester Zeit wimmelt es im Aquarium von diesen lästigen Pflanzenfressern, und der Anfänger ist gut beraten, wenn er sie vom Beginn seiner Aquarianerlaufbahn an zu meiden trachtet. Gelingen wird es ihm ohnehin nie, denn mit zugekauften Pflanzen schleppt er sie doch irgendwann einmal ein, übersieht dann die noch bekämpfbaren ersten 80 bis 100 Jungschnecken und ist dann an einem Punkt angelangt, wo er anderen Anfängern rät, Posthornschnecken nach Möglichkeit von Beginn an zu entfernen. Wie bekämpft man Posthornschnekken? Auch ich hoffe sehr, gelegentlich ein beratendes aquaristisches Buch in die Hand zu bekommen, in dem das beschrieben wird.

Gehen wir deshalb zur zweiten Schneckenart unserer Aquarien über, zur Turmdeckelschnecke, *Melanoides tuberculata.* Diese Schnecke ist aus verschiedenen Gründen doch weitaus besser als ihr Ruf bei langjährigen Aquarianern. Zwar stimmt es, daß sie, die vorwiegend im Bodengrund lebt und nur in der Dunkelheit herauskommt, jede landschaftsgestalterisch gemeinte Geländebewegung des Bodengrundes binnen weniger Tage wasserwaagengerecht einebnet. Es stimmt auch, daß ihre Zahl in manchen Aquarien die der Kieskörner bei weitem übertrifft — doch Spaß beiseite, sie ist ein ausgezeichneter Indikator für die Verhältnisse im Bodengrund eines Aquariums.

Zunächst pflügen diese Schnecken den Bodengrund bei der ständigen Suche nach freßbaren Partikeln um und sorgen damit für eine meist unterschätzte Zirkulationsmöglichkeit des Wassers im Bodengrund. Sie verhindern dadurch das Auftreten faulender Stellen oder verzögern solche Prozesse doch beträchtlich.

Allerdings muß auch zugestanden werden, daß sie durch ihre Tätigkeit den Mulm vielfach in unerreichbare Tiefe transportieren und dadurch zur langsamen, aber sicheren Verschlammung des Bodengrundes beitragen. Nimmt die Vermulmung des Bodengrundes schließlich doch einen Grad an, der die »Leistungsfähigkeit« dieser Schnecken überschreitet, und kommt es in der Folge zu Schwefelwasserstoffbildungen, so begibt sich die Schar der Turmdeckelschnecken bei Tageslicht nicht mehr in den Bodengrund und wird an den Scheiben sichtbar. In stark vernachlässigten Aquarien zeigen sie dann den Verlauf der Schichtung an, die ihnen das Leben am Aquariengrund unmöglich bzw. gerade noch möglich macht. Der aufmerksame Aquarianer tut gut daran, den Bodengrund zu waschen und das Wasser zu wechseln, ehe die Turmdeckelschnekken an der Wasseroberfläche angekommen sind . . .

Die dritte Schneckenart, die etwa kinderfaustgroß werdende Riesenapfelschnecke, *Ampullarius australis,* erobert nach anfangs starken Bedenken zunehmend die Sympathien der Aquarianer. Besonders die jungen Apfelschnecken bis etwa Daumennagelgröße verzehren geradezu unglaubliche Mengen von Algen, absterbenden Blättern und übriggebliebenem Futter, so daß sie eigentlich ideale »Müllschlucker« des Aquariums genannt werden können. Wir sollten jedoch nicht übersehen, daß diese Tiere das Wasser mit den Abbauprodukten dieser enormen Nahrungsmengen erheblich anreichern, und wir dürfen keinesfalls auf die Idee kommen, daß zwanzig Apfelschnecken etwa den wöchentlichen Wasserwechsel ersparen könnten. Im Gegenteil, viele Apfelschnecken beseitigen zwar den sichtbaren Unrat und überführen ihn in eine weniger sichtbare Form — sie bringen ihn jedoch nicht aus dem Aquarium heraus! Je nach Nahrungsangebot fressen sie dabei natürlich auch besonders an zartblättrigen Pflanzen, während derbere völlig unangetastet bleiben. Da Apfelschnecken ihre Gelege außerhalb des Wassers, im inneren Rahmenwinkel oder sogar im Beleuchtungskasten ablegen, ist die Kontrolle der im Aquarium lebenden Tiere sehr leicht möglich.

Ob Sie nun Schnecken pflegen wollen oder nicht, bei zwei Arten haben Sie die Wahl, die erstgenannte bekommen Sie sowieso irgendwann. Ich rate Ihnen weder zu noch ab.

Steine Bei der Einrichtung eines Aquariums möchte wohl jeder seinen Wunschvorstellungen von einer Unterwasserlandschaft Gestalt geben. Je nach Art des darzustellenden Lebensraumes wird nun ein Bachbett, eine Uferlandschaft, ein Urwaldtümpel oder aber ein Unterwassergarten angelegt. Dabei erzielt man mit ein-

Abb. 1. *Myriophyllum ussuriense,* ein Tausendblatt für gut gefilterte Aquarien, wirkt am besten in einer dichten Gruppe.

Abb. 2. *Limnophila sessiliflora,* der Indische Sumpffreund, sollte mit verschiedenen langen Stengelstücken gruppiert werden.
Abb. 3. *Limnophila aquatica,* der Riesensumpffreund, braucht viel Platz und viel Licht. Nicht zu dicht pflanzen!

Abb. 4. *Nomaphila stricta*, die »Kirschblattpflanze«, wirft bei zu dichtem Stand die unteren Blätter ab. Nicht zu dicht werden lassen!

Abb. 5. *Synnema triflorum*, die sogenannte Wasserwistarie, wirkt besser, wenn man wenige Stengel auf Abstand setzt.

Abb. 6. *Ludwigia repens* x *palustris,* die Bastardludwigie, bildet dichte Bestände, wenn man die ersten Stengel bis nach oben kommen läßt und dann erst stutzt.

Abb. 7. *Egeria densa,* die Große Wasserpest, bildet dichte Büsche, wächst schnell und muß oft zurückgestutzt werden.

Abb. 8. *Alternanthera reineckii,* eines der aquaristisch geeigneten Papageienblätter, wächst langsam und verlangt viel Licht.

Abb. 9. *Vallisneria americana,* die Kleine Schraubenvallisnerie, bildet bei guter Beleuchtung sehr dekorative dichte Büsche.

Rechts:
Abb. 11. *Echinodorus parviflorus,* die Schwarze Amazonaspflanze, treibt viele Blätter im Langtag, blüht aber nur im Kurztag.
Abb. 12. *Echinodorus latifolius,* die Breitblättrige Amazonaspflanze, bleibt niedrig, bildet Büsche und ist eigentlich nur die breitestblättrige der schmalblättrigen kleinen Arten.

Abb. 10. *Echinodorus amazonicus,* die Schmalblättrige Amazonaspflanze, ist ein wirkungsvoller Blickfang und braucht viel Platz.

Abb. 13. Blick in ein Aquarium, das mit verschiedenen *Cryptocoryne*-Arten bepflanzt ist

Abb. 14. *Cryptocoryne nevillii* ist eine hellgrüne, kleinbleibende, rasenbildende Art, die jedoch oft lange Zeit braucht, ehe sie sich vermehrt.

Abb. 15. *Nymphaea lotus* gibt es in grünen, roten und mischfarbenen Exemplaren. Meist wächst diese Seerose zu stark und muß reduziert werden.

Abb. 16. *Cryptocoryne petchii* wird mittelgroß und bildet im Laufe der Zeit Gruppen, die durch ihre warmen, rotbraungrünen Blätter gute Kontraste zu hellgrünen Pflanzen bilden.

Abb. 17. *Microsorium pteropus,* der Etagen- oder Schwarzwurzelfarn, gedeiht am besten, wenn er locker an einer Wurzel sitzt.

Rechts:
Abb. 19. *Poecilia (Lebistes) reticulata,* Triangelzuchtform, Männchen.
Abb. 20. *Xiphophorus helleri,* der Grüne Schwertträger, ist die Ausgangsform für viele attraktive Zuchtformen.

Abb. 18. Blick in ein Aquarium mit *Echinodorus*-Arten, das gleichzeitig mehrere Reviere für Zwergbuntbarsche bietet

Abb. 24. *Aphyosemion bivittatum*, eine der schönsten Prachtkärpflingsarten, kommt im Spezialbecken am besten zur Geltung.

Abb. 25. *Pristella riddlei*, der Sternflecksalmler, wirkt nur im Schwarm von etwa 10 bis 15 Exemplaren.

Links:

Abb. 21. *Poecilia (Mollinesia) sphenops*. Eine Zuchtform ist der samtschwarze „Black Molly".

Abb. 22. *Aplocheilus lineatus*, der Streifenhechtling, wird zwar recht groß, ist aber leicht zu pflegen.

Abb. 23. *Epiplatys dageti*, der Querbandhechtling, paßt als mittelgroßer Oberflächenfisch in fast jedes Gesellschaftsaquarium.

Abb. 29. *Brachydanio rerio,* der Zebrabärbling, ist seit seiner Einführung der Inbegriff eines Schwarmfisches.
Abb. 30. *Corydoras paleatus,* der Punktierte Panzerwels, hält sich in der Bodenzone auf und gründelt ständig. Gut filtern!

Links:
Abb. 26 *Hyphessobrycon flammeus,* der Rote von Rio, ist ein bewährter Anfängerfisch, der, im Schwarm gehalten, sehr attraktiv ist.
Abb. 27. *Gymnocorymbus ternetzi,* der Trauermantelsalmler, bildet mit seinen schwarzen Flossen gute Kontraste zu bunten Arten.
Abb. 28. *Barbus tetrazona,* die Sumatrabarbe, sollte nur in mindestens 6 bis 8 Exemplaren gehalten werden. Einzeltiere sind meist zänkisch.

Abb. 31. *Corydoras schultzei,* der Goldstreifen-Panzerwels, ist anspruchslos, wühlt aber auch, deshalb gut filtern!

Abb. 32. *Macropodus concolor,* der Schwarze Makropode, laicht auch im Gesellschaftsbecken, wird dann aber meist aggressiv.

Abb. 33. *Cichlasoma nigrofasciatum,* der Zebrabuntbarsch, beansprucht zur Laichzeit ein großes Revier.

Abb. 34. *Trichogaster leeri,* der Mosaikfadenfisch, wird sehr groß, schwimmt gern und paßt daher nur gut in Aquarien, die über einen Meter lang sind.

Abb. 35. *Nannacara anomala,* der Blauglänzende Zwergbuntbarsch, läßt sich gut mit Salmlern vergesellschaften.
Abb. 36. *Pterophyllum scalare,* Segelflosser, laichen auf Blättern oder in den Aquarienecken. Es gibt davon viele Zuchtformen.

gebrachten Steinen oftmals einen ganz besonders dekorativen Effekt. Hier soll niemand gegängelt werden, schließlich soll der Besitzer des Aquariums ohne jede Vorschrift zunächst einmal Freude an der selbstgeschaffenen Unterwasserlandschaft haben. Die folgenden Einschränkungen oder Vorschläge haben lediglich den Charakter von Hinweisen, um mögliche Fehler und Schäden auszuschließen.

Grundsätzlich sollen keine scharfkantigen Materialien verwendet werden, damit sich aufgeschreckt umherschießende Fische nicht verletzen können. Ein Blick in ein natürliches Gewässer zeigt auch, daß dort auf die Dauer kein Material scharfkantig bleibt, sondern durch Strömung und umherwirbelnden Sand jede Kante abgeschliffen wird. Weiterhin müssen Steine entweder haarscharf an die Glaswand passen oder mit einem Abstand, der dem doppelten Umfang des dicksten Fisches entspricht, von der Glasscheibe entfernt bleiben, da schreckhafte Arten sich sonst festklemmen könnten. Im Wasser liegen Steine immer stabil, d. h. auf ihrer größten Fläche, senkrecht angebrachte Wände fallen irgendwann einmal um. Wenn wir Höhlen bauen, so verwenden wir bei kleineren Arten Blumentöpfe oder halbe Kokosnußschalen, die wir auch verkleiden können, indem wir Steinplatten schräg darüberlegen. Schließlich kann man auch ganze Höhlensysteme aus flachen Schieferplatten aufbauen, wenn man z. B. Malawi-Buntbarsche pflegt. Da diese Arten groß und kräftig werden, besteht allerdings die Gefahr, daß lockere Schichten von diesen temperamentvollen Fischen zum Einsturz gebracht werden. Steine sind ja unter Wasser leichter, da sie beim Eintauchen soviel an Gewicht verlieren, wie die Wassermenge wiegt, deren Raum sie einnehmen.

Besonders bei wühlenden Arten muß daher der über dem Kies sichtbare Teil solcher Höhlensysteme bereits sicher fundamentiert am Aquarienboden beginnen. Man kann deshalb auch die Platten durchbohren und in der beabsichtigten Form auf Plastrohre, Glasstäbe oder ähnliches Material stecken. Damit ist man vor dem Zusammenbrechen solcher Aufbauten sicher. Soweit die mechanische Seite des Einbringens von Steinen.

Nun kann man nicht jeden Stein, so dekorativ er auch sein mag, in das Aquarium einbringen. Man muß prüfen, ob möglicherweise von diesen Materialien lösliche Spuren ins Aquarienwasser übergehen können und den Chemismus des Wassers nachteilig für die Lebewelt beeinflussen. Alle Ergußgesteine, Granit, Porphyr, Basalt usw., können unbedenklich eingebracht werden, da ihr Einfluß auf das Aquarienwasser unschädlich oder gering ist. Gewarnt werden muß allerdings vor Sedimentgesteinen. Wenn auch Sandstein oder quarzitischer Sandstein bedenkenlos verwendet werden kann, sollte doch stets eine Salzsäureprobe vorgenommen werden, ehe solche Steine Verwendung finden. Läßt man wenige Tropfen Salzsäure auf den Stein einwirken und es entstehen Schaumbläschen, so ist das ein Beweis für löslichen Kalk. Damit scheidet dieser Stein, falls wir nicht besonders Kalkhärte liebende Arten pflegen wollen, z. B. fast alle Ährenfische, für die Verwendung im Aquarium aus.

Es würde nämlich im Laufe der Zeit durch die Löslichkeit dieses Kalks zu einem erheblichen Ansteigen der Wasserhärte kommen, die für die meisten Zierfische, die ja aus zumindest zeitweise reichlich Regenwasser führenden Gewässern mit geringem Härtegrad stammen, keinesfalls zuträglich ist. Ebenso scheiden alle Steine aus, die, mögen sie noch so wunderschön glitzern, Erze sind. Es könnten sich daraus giftig wirkende Lösungen im Aquarium bilden.

Das viel verwendete und beliebte Steinholz sollte gründlich gereinigt und möglichst längere Zeit unter fließendem Wasser gelagert werden, ehe es im Aquarium seinen Platz findet. Je nach Herkunft dieses Materials konnten bereits beträchtliche Erhöhungen der Wasserhärtewerte festgestellt werden, die erst nach jahrelangem Gebrauch bei regelmäßigem Wasserwechsel nachließen.

Wurzeln Besonders beim Einrichten von Uferaquarien werden vielfach sogenannte Moorkienwurzeln des dekorativen Aussehens wegen verwendet. Man achte beim Erwerb solcher Wurzeln darauf, daß keinerlei Faseranteile mehr zu sehen sind und die Oberfläche trocken und glatt ist. Solche Wurzeln sollte man vorsichtshalber gründlich auskochen und lieber zehnmal mehr wässern als einmal zuwenig. Es ist ein sehr unangenehmes Erlebnis, besonders für den Anfänger in der Aquaristik, wenn eine so dekorativ aussehende Wurzel den durch Trocknung unterbrochenen Zersetzungsprozeß im Aquarium fortsetzt. Die dabei auftretende Wasserverunreinigung, verbunden mit völliger Aufzehrung des vorhandenen Sauerstoffs und oftmals starker Abgabe von organischen Säuren, vernichtet bei den hohen Temperaturen eines Aquariums oft innerhalb von Stunden Pflanzen und Fische.

Nochmals: lieber zehnmal zuviel wässern als einmal zuwenig! Wer sich sein Dekorationsmaterial von Tümpeltouren selbst mitbringen will, sollte grundsätzlich nur alte Erlen- oder Weidenwurzeln mitbringen. Eichenwurzeln geben noch sehr lange Gerbstoffe in das Wasser ab, deshalb Vorsicht! Man kann die Eignung solcher Wurzeln dadurch überprüfen, indem man die Wurzel mehrere Tage, am besten mehrere Wochen, in einem Gefäß aus Glas, Plast oder Steingut wässern läßt, einen Teil des Wassers abschöpft, au[f] die notwendige Temperatur bringt und einen Testfisch darin hältert. Lebt dieser Fisch nach einer Woche noch, so ist die Wurzel einwandfrei. Dennoch soll darauf hingewiesen werden, daß Salmler z. B. höhere Gerbstoffwerte vertragen als beispielsweise Lebendgebärende Zahnkarpfen. So könnten in einem Gesellschaftsbecken manche Arten die eingebrachte Wurzel besser vertragen als andere, die daraufhin zu kümmern beginnen.

Raumteiler Häufig besteht der Wunsch, ein Aquarium in einem Raumteiler oder ein großes Aquarium als Basis für einen Raumteiler aufzustellen. Das kann sehr dekorativ wirken. Allerdings sollte man dafür nur Aquarien verwenden, die mindestens 50 cm breit sind. Man braucht zum Bepflanzen eines Raumteiler-Aquariums wesentlich mehr Platz als für ein Aquarium, in das man nur von einer Längsseite hineinschaut. Praktisch ist es doch so, daß ein solches Aquarium, um gute Raumteiler-Eigenschaften zu besitzen, zwei Fronten haben muß. Das kann sich für manche Fischart nachteilig auswirken, weil auf beiden Seiten Bewegungen wahrgenommen werden und die Tiere nirgends so richtig »mit dem Rücken an die Wand kommen«. Ist das Becken aber genügend breit, so kann die Bepflanzung nach einem keilförmigen Grundriß vorgenommen werden. Eine Schmalseite wird dann zur funktionellen Rückwand. Dort wird dicht bepflanzt. In den Raum hinein wird die Bepflanzung lockerer gestaltet und immer mehr auf eine gedachte Mittellinie konzentriert, so daß schließlich vor der anderen Schmalseite nur noch eine große, einzeln stehende Pflanze eingebracht wird. Durch Steine, Wurzeln und Höhlensysteme kann jede Beschauerseite anders gestaltet werden. So halten sich entsprechend der Dekoration auf einer Seite vornehmlich die Schwarmfische auf, während auf der anderen Seite z. B. die vergesellschafteten Zwergcichliden ihre Höhlen finden und die entsprechenden Reviere besetzen. Immer sollte aber beachtet werden, daß die Fische eine gewisse Fluchtdistanz gerade dann benötigen, wenn sie bedrohlich wirkenden Bewegungen von mehreren Seiten ausgesetzt sind.

Rückwände Die dekorative Wirkung eines Aquariums kann stark beeinträchtigt werden, wenn an unbepflanzten Stellen durch die hintere Glasscheibe das Tapetenmuster oder ein großgeblümter Vorhang zu sehen ist. Aber nicht nur deshalb, sondern weil die Raumwirkung wesentlich vertieft werden kann, wählen viele Aquarianer eine passend gestaltete Rückwand. Was ist nun passend? Das, was Sie für passend halten!

4*

Mancher wählt die neutrale Gestaltung, indem er schwarzes Papier überklebt oder einen dunkelgrauen bis schwarzen Farbanstrich aufträgt, andere hängen eine Stroh- oder Rohrmatte hinter das Aquarium und finden das schön, wieder andere bauen sich auf einer Holzplatte mit Rindenstücken, Moos, Wurzelteilen, Steinen usw. ein Ufer zurecht, wie es ihrer Vorstellung entspricht. Das Ganze wird dann hinter das Aquarium gehängt, wirkt aber auf die Dauer nur gut, wenn die Rückscheibe stets genauso blank wie die vordere Sichtscheibe gehalten wird und man keine Kalkreste herabgelaufenen Wassers, angetrocknete Wassertropfen bzw. Algenschichten auf der Innenseite vor dieser so gutgemeinten Dekoration sieht.

Es ist auch möglich, die gesamte Rückscheibe von innen mit Zement oder einer anderen Trägersubstanz zu bedecken und in die noch weiche Masse Steine, Wurzeln usw. hineinzudrücken. Man erhält dadurch eine Rückwand im Aquarium, die sich mit Farnen, feinfiedrigen Moos-Arten oder Algenbüscheln sehr dekorativ gestalten läßt und gleichzeitig die Möglichkeit zum Einarbeiten von Höhlen bietet. Hier soll jedoch darauf hingewiesen werden, daß bei der Verwendung von Zement das Becken gründlichst und über längere Zeit gewässert und gespült werden muß, da der Zement nach dem Prozeß der Aushärtung noch immer Stoffe an das Wasser abgibt, die den pH-Wert erheblich in den alkalischen Bereich ansteigen lassen. Dadurch können viele Fischarten regelrecht vergiftet werden. Um zu überprüfen, ob diese Rückwand auf Zementbasis genügend gewässert ist, ist am besten der Guppy als Testfisch geeignet. Bleiben diese Zahnkarpfen vierzehn Tage am Leben, so können unbedenklich auch andere Fisch-Arten in diesem Bekken gepflegt werden. Aber auch hier vorsichtshalber lieber zehnmal mehr wässern und spülen als einmal zuwenig!

In den Fachgeschäften sind fertige Rückwände in Form von Farbfotografien zu haben, aber auch Schwarzweißaufnahmen, die Sie selbst nach Bedarf kolorieren können. Der Vorteil dieser Rückwände besteht darin, daß Sie bei Ihrer Aquarienbepflanzung die Möglichkeit haben, die auf den Rückwänden dargestellten Aquarienpflanzen auch bei Ihrer Einrichtung zu verwenden und damit optisch einen nahtlosen Übergang zwischen den lebenden Pflanzen und der Fotografie als Rückwand zu schaffen.

Durch die überall erhältlichen Schaumpolystyrol-Platten, in die man leicht eine zerklüftete Gebirgslandschaft einschnitzen kann oder Polyuretan-Hartschaum, mit dem man sich ebenfalls nach Gutdünken einen Hintergrund nach seinen Vorstellungen gestalten kann, sind weitere Möglichkeiten gegeben, mit dem Blick durch das Aquarium den Reiz der Unterwasserlandschaft zu verstärken.

Es hat sich gezeigt, daß vielfach die große Mühe der Rückwandgestaltung nicht zum Tragen kommt, wenn man diesen Hintergrund nicht gesondert beleuchtet. Ein paar kleine Lämpchen, über einen Klingeltrafo angeschlossen, erhöhen die Wirksamkeit ungemein. Nun allerdings sieht man auch die Algen auf der Rückscheibe sowie die Kalkstreifen, die dort herabrinnendes Wasser schon vor Wochen einmal hinterlassen hat . . .

Es wird viel von Ihrem eigenen Geschick abhängen, die Architektur Ihrer Beckenbepflanzung harmonisch durch die entsprechende Auswahl einer passenden Rückwand zu ergänzen.

Die Fische

Gesellschaftsbecken Mögen Experten sich gegen Gesellschaftsbecken ereifern — es ist die am weitesten verbreitete Form des Aquariums, zwangsläufig ein Sammelsurium von Fischen und Pflanzen, die aus irgendeinem Grunde das Interesse des Aquarianers erregt haben. Es ist eine notwendige Entwicklungsstufe, denn Spezialist kann erst werden, wer einen Querschnitt kennt und seine besondere Hinwendung zu bestimmten Arten oder Gattungen im Vergleich mit für ihn weniger interessanten Fischen oder Pflanzen verspürt hat. Und wenn mancher das Gesellschaftsbecken als Ziel seiner Bemühungen ansieht — bitte! Hauptsache, es macht ihm Spaß! Das schließlich ist Sinn der Wassertier- und Pflanzenpflege, nicht irgendwelche zeitlich begrenzte, von den jeweilig führenden Fachleuten propagierte Tendenzen.

Nun muß ein Gesellschaftsbecken aber auch nicht völlig wahllos mit Fischen besetzt sein. Nach Möglichkeit sollte man Tiere mit etwa gleichen Revieransprüchen nur dann vergesellschaften, wenn sie entweder miteinander einen Schwarm bilden können und sich nichts tun oder in einem geräumigen Becken genügend Ausweichmöglichkeiten finden. Ein Beispiel: Verschiedene Salmlerarten können mit etwa gleichgroßen Barben durchaus im gleichen Becken miteinander vergesellschaftet werden, wenn nur die Gruppen jeder Art genügend groß sind, d. h. mindestens ein halbes Dutzend Tiere umfassen. Paarweise gehaltene Schwarmfische rivalisieren sehr häufig und tyrannisieren die schwächeren Fische. Man erkundige sich also beim Kauf immer, ob man es mit einem Schwarmfisch zu tun hat. Es ist dann besser, drei Arten zu je zehn Tieren zu halten als zehn Arten mit zwei oder drei Tieren. Man kann ja nach ein paar Monaten die Besetzung auswechseln, wenn andere Fische inzwischen interessanter erscheinen. Oder ein anderes Beispiel: Buntbarsche werden oft als »unverträglich« bezeichnet. Was tun denn diese »unverträglichen« Tiere? Sie sichern, wenn sie sich zu einem Paar zusammengefunden haben, am Boden und im darüberliegenden

Mittelwasserbereich das Revier ab, das ihre oft zahlreiche Nachkommenschaft später zum Nahrungserwerb absuchen muß.

Das kann allerdings das gesamte Becken sein. Dann hat der Aquarianer entweder ein zu kleines Becken oder die falschen Fische gekauft. Und ich finde es ungerecht, die richtig reagierenden Fische als »unverträglich« hinzustellen. Ist nun gar ein zweites Buntbarschpaar mit den gleichen Revieransprüchen in einem solchen Aquarium, kann es allerdings »Mord und Totschlag« geben, doch ist das wiederum nicht Schuld der Fische. Ein einzelnes Zwergbuntbarschpaar am Boden eines ansonsten mit Salmlern besetzten Aquariums dagegen wirkt niemals störend, weil die Salmler sehr schnell herausgefunden haben, wann bestimmte Beckenbereiche vorsichtshalber nicht durchschwommen werden sollten. Ist die Nachkommenschaft dieses Buntbarschpaares schließlich vom Aquarianer mit einem Schlauch abgesaugt worden, um in einem anderen Becken aufgezogen zu werden, zieht meistens wieder Ruhe und Frieden ein, zumindest solange, bis neue Brutvorbereitungen beginnen.

In jedem Gesellschaftsbecken, so sollte man sich das vorstellen, gibt es bestimmte »Planstellen«. Wird eine »Planstelle« mit mehreren Bewerbern besetzt, bleibt schließlich der übrig, der sich am besten durchzusetzen weiß. Was macht der Anfänger oft? Er entfernt den Störenfried, den einzigen, der richtig reagierte und sich durchzusetzen wußte. Aber der dadurch geschaffene Friede währt nicht ewig. Unter den weiteren Bewerbern für die gleiche »Planstelle« wird sich wieder einer durchsetzen und die anderen verscheuchen.

Es ist schwer vorauszusagen und in diesem Band schon gar nicht als Rezept niederzuschreiben, welche Arten man zusammenbringen darf, muß oder vermeiden sollte. Im allgemeinen gilt, daß Mittelwasserfische zur Schwarmbildung neigen und fast unbegrenzt kombinierbar sind, Oberflächen- und besonders Bodenfische weitaus stärker ihre Reviere sichern und daher bestimmte Grenzen der Vergesellschaftung ziehen. Man kann natürlich auch Fische aus etwa dem gleichen Heimatgebiet, wiederum nach der bevorzugten Aufenthaltsschicht im Aquarium geordnet, zusammenstellen, dieses ausschließlich mit Pflanzen des gleichen geographischen Bereiches ausstatten und es »Biotop-Aquarium« bezeichnen. Es ist dann kein besseres Gesellschaftsbecken als eines, das indische Oberflächenfische mit afrikanischen Salmlern und südamerikanischen Panzerwelsen kombiniert, denn die Arten aus einem geographisch höchst ungenau definiertem Heimatgebiet, wie z. B. Amazonas, begegnen sich möglicherweise unter natürlichen Bedingungen ebensowenig wie die genannten Vertreter verschiedener Kontinente. Man sollte jedoch darauf sehen, daß die miteinander gepflegten Fische einander nicht verletzen (z. B. das »Knabbern« verschiedener Salmler- und Barben-

Arten an den ausgezogenen Flossenstrahlen von Segelflossern) und daß die vergesellschafteten Arten etwa gleiche Temperaturansprüche haben, so daß nicht das Wohlbefinden einer Art unter dem Wohlbefinden einer anderen leiden muß! Solche Ratschläge können in jedem Zoo-Fachgeschäft eingeholt werden.

Einhälterung neuer Fische Jedes Umsetzen ist für den Fisch mit einer Schockwirkung verbunden, die so klein wie möglich gehalten werden sollte, um Schädigungen ernsthafter Natur zu vermeiden. Oftmals sind es solche unterschätzten Schwächungen, die einen Ausbruch von latent vorhandenen Krankheiten hervorrufen und die auch zur Ausbreitung auf nicht umgesetzte Fische führen können.

Änderungen der Wasserzusammensetzung wirken sich zunächst auf die Schleimhaut und die Oberhaut der Fische aus, und von dorther dringen bekanntlich die meisten Erreger in den Körper ein. Folglich hat jede Maßnahme ihre Berechtigung, die wir zum unbeschädigten Erhalt des geschlossenen Schleimhautfilms einleiten.

Beim Erwerb von Fischen sollte man vor allem darauf sehen, daß die Tiere in dem Wasser transportiert werden, aus dem sie herausgefangen wurden. Es ist im Fachhandel neuerdings verschiedentlich die Unsitte eingerissen, sogenannte »Wasserbecken« mit frischem, lediglich temperiertem Leitungswasser einzurichten, während die Tiere unter zum Teil anderen Bedingungen zum Verkauf ausgestellt werden. Der Käufer bringt dann schon durch diesen ersten Wasserwechsel in ihrem Wohlbefinden beeinträchtigte Tiere nach Hause, wo sie sich beim Einsetzen in das Gesellschaftsbecken erneut auf andere Wasserverhältnisse einstellen müssen. Das *muß* nicht zu Komplikationen führen, *kann* aber eintreten.

Allgemein sollte für den Transport von Fischen die Regel gelten, daß um so mehr Transportwasser mitgeführt werden sollte, je heikler die Art eingeschätzt wird. Zu Hause angekommen, gießt man etwa die Hälfte des Transportwassers in ein gesondertes Gefäß und bewahrt es auf, um die Tiere notfalls schnell zurücksetzen zu können. Die andere Hälfte wird nun langsam mit dem künftigen Hälterungswasser versetzt, wobei man die Reaktion der Fische beobachten sollte. Es ist zu empfehlen, das zuzuleitende Wasser über einen dünnen Schlauch zunächst zutropfen zu lassen — es dauert so zwar länger, aber gerade das ist für die Fische schonender. Während das Wasser noch zutropft, hat man Zeit, Transport- und Hälterungswasser in Härte und pH-Wert zu vergleichen. Nicht nur beim Erhalt von Fischen aus anderen Städten spielt das eine Rolle — auch innerhalb einer Stadt können beträchtliche Unterschiede in der Zusammensetzung des Leitungswassers auftreten.

Wie reagieren inzwischen die Fische? Ruckartiges Umherschießen und Versuche herauszuspringen bedeuten immer höchste Alarmstufe! Auch intensive Dunkelfärbung, besonders wenn sie nur auf einzelne Körperpartien beschränkt ist, kann eine Schockfolge sein. Wie gut, daß wir einen Teil des Transportwassers aufgehoben haben und die Tiere zurücksetzen können. Jedoch treten die eben beschriebenen Verhaltensweisen nur ein, wenn die Tiere in das neue Wasser hineingegossen werden, beim Tropfzulauf dürfte das nicht passieren. Ist die vorgesehene Wassermenge hinzugelaufen, so kann wieder die Hälfte des Wassers abgezogen und erneut mit künftigem Hälterungswasser ergänzt werden, bis eine Vergleichsmessung ergibt, daß im Mischbecken die gleichen Wasserverhältnisse wie im vorgesehenen Hälterungsaquarium herrschen.

Ganz Vorsichtige halten nun noch eine Quarantänezeit von einer Woche ein, um die Einschleppung der häufigsten Erkrankung, Ichthophthirius, zu vermeiden. Wenn sie nach dem sechsten Tag nicht aufgetreten ist, kann man beruhigt die Fische in das künftige Hälterungsbecken einbringen. Zu umständlich? Freilich, oft geht es gut, wenn man schwungvoll das Transportglas in das Aquarium entleert, ist es aber einmal »passiert«, macht man sich Vorwürfe!

Gruppen Beim Kauf von Fischen sind Gruppen in jedem Fall Einzeltieren oder Paaren vorzuziehen. Das trifft nicht nur für Barben, Salmler, Ährenfische, Lebendgebärende und Eierlegende Zahnkarpfen und Welse zu, sondern auch für Buntbarsche. Unter einer Gruppe verstehen wir mindestens fünf bzw. höchstens zehn Tiere.

Da im zoologischen Handel fast durchweg Jungtiere noch vor der geschlechtlichen Differenzierung verkauft werden, fällt es in der Eile des Herausfangens auch dem Fachmann mitunter schwer, eindeutig Paare zusammenzustellen. Das kommt vor allem daher, daß bei nahezu allen Arten undifferenzierte Jungfische und Weibchen etwa das gleiche Aussehen haben, während sich die männlichen sekundären Geschlechtsmerkmale, wie z. B. besondere Farben oder bestimmte Flossenformen, erst später herausbilden. Der Zeitpunkt der geschlechtlichen Differenzierung kann bei einzelnen Fischen der gleichen Brut, also gleichen Alters, doch recht unterschiedlich einsetzen. So kann es durchaus geschehen, daß zwei Tiere als ein Paar verkauft werden, von denen das eine bereits als Männchen erkennbar ist, während das andere Tier erst später männliche Geschlechtsmerkmale zeigt.

Ein weiterer Gesichtspunkt spricht für den Kauf von Gruppen. Nicht jedes Männchen laicht später mit jedem Weibchen. Zwar gibt es eine Menge Arten, die in der Partnerwahl keine für uns erkennbaren besonderen Ansprüche stellen, doch hat die Praxis ergeben, daß Paare, die sich selbst aus einer Gruppe gefunden haben, leichter zur Zucht zu bringen sind als willkürlich zusammengestellte Partner. Besonders trifft das für die weitaus meisten Buntbarsch-Arten zu, von denen man durchweg mindestens sechs Jungtiere erwerben sollte. Man kann auch dann noch Pech haben, wenn sich alle sechs Tiere später als zum gleichen Geschlecht gehörig herausstellen. Aber in der Mehrzahl der Fälle reichen sechs Tiere, um zu einem Paar zu gelangen.

Manche Arten müssen schon deswegen in Gruppen gehalten werden, weil ein Männchen seine Prachtfarben vor allem dann zeigt, wenn es ein anderes Männchen besiegt hat oder ständig in Schach halten muß. Es ist ein weit verbreiteter Irrtum, daß Männchen ihre Prachtfarben vor allem *für* die Weibchen zeigen. Sie zeigen sie gewöhnlich *gegen* die anderen Männchen. Und dazu muß man ihnen Gelegenheit geben.

Das Gruppenverhalten unterscheidet sich vom Schwarmverhalten meist dadurch, daß ein Schwarm ohne besondere territoriale Bindung durch alle Beckenbereiche zieht, während innerhalb einer Gruppe ein jedes Einzeltier ein Kleinrevier beanspruchen kann, das unter Aufbietung aller zur Verfügung stehender Mittel gegen andere Mitglieder der Gruppe verteidigt werden muß. Die Geschlechter erkennen einander erst durch die bei Männchen und Weibchen unterschiedlich geführten Revierkämpfe. Das, glaubte man früher, trifft nur für Buntbarsche zu. Inzwischen wissen wir von ähnlichen Verhaltensweisen bei Salmler- und Barben-Arten, bei Labyrinthfischen sowie bei einer ganzen Reihe von anderen Aquarienfischen unterschiedlicher systematischer Einordnung.

Durch die Gruppenhaltung pflegen Sie Ihre Tiere nicht nur natürlicher — Sie haben auch mehr Erlebnisse und damit mehr Freude an den von Ihnen gepflegten Arten, wenn nicht einzelne Paare im Trubel eines Sammelbeckens untergehen und weder farblich noch in ihren Verhaltensweisen zur Geltung kommen können.

Schwärme Eine ganze Reihe von Fischarten kommt unter natürlichen Verhältnissen in beträchtlichen Schwärmen vor. Verstanden wir unter einer Gruppe die Anzahl zwischen fünf bis zehn Fischen, so sprechen wir von einem Schwarm, wenn größere Mengen, zwanzig, fünfzig und sogar mehr Exemplare der gleichen Art, gepflegt werden. Vergessen wir nicht, daß dies die natürliche Daseinsweise der meisten Barben, Bärblinge und vieler Salmler ist. Um ein größeres Ausstellungsbecken wirksam mit Zebra-Bärblingen, *Brachydanio rerio,* oder mit Neon-Salmlern, *Paracheirodon innesi,* zu besetzen, braucht man bei entsprechend guter Bepflanzung schon mindestens 200 Fische, um überhaupt zu einem Schwarmeindruck zu kommen. Und es zeigt sich, daß solche Mengen auf den Beschauer einen geradezu faszinierenden Eindruck machen, obgleich der Neon-Salmler einzeln betrachtet auch schon ein recht hübsches Fischchen ist.

Auch größer werdende Barben-Arten, wie z. B. die Sumatra-Barbe, *Barbus tetrazona* (Abb. 28), wirken erst in einer größeren Gruppe bzw. einem kleineren Schwarm. Dann sind sie sogar gesellschafts(-becken-)fähig, während einzelne Exemplare sich sehr häufig zu »üblen Stänkern« entwickeln, die irgendeinen beliebigen Fisch erbarmungslos herumhetzen und damit gewiß nicht zu dessen Wohlbefinden beitragen. Im Schwarm gehalten, haben diese Tiere aber soviel mit den Angehörigen ihrer Art zu tun, daß die anderen Beckeninsassen unbehelligt bleiben.

In der Entwicklung fast aller Fischarten gibt es eine deutliche soziale Stufenleiter, die in der Reihenfolge Schwarm — Gruppe — Paar verläuft. Wir kommen also der natürlichen Entwicklung solcher Arten entgegen, wenn wir ihnen die Gelegenheit bieten, sich entsprechend in unserem Aquarium gruppieren zu können.

Für den Beschauer wirkt ein Schwarm von Fischen der gleichen Art vor allem deshalb so begeisternd, weil diese Arten meist mit auffälligen Zeichnungs- oder Farbmerkmalen auf den Flossen oder am Körper versehen sind, die in der abgestimmten Harmonie der Schwimmbewegungen eines Schwarmes ganz besonders markant zur Geltung kommen. Solche optischen Signale sind diesen Fischen eigen; sie sind in ihrem Verhalten gestört, wenn sie solche Reize nicht beantworten können, weil sich in ihrem Aquarium höchstens noch ein Partner befindet, mit dem jedoch territoriale Streitigkeiten ausgefochten werden. Das kennen wir von vielen Salmlerarten, die zu zänkischen Einzeltieren werden, wenn sie keine Gelegenheit zum Schwarmanschluß finden.

Wir kommen also zur gleichen Schlußfolgerung wie auf Seite 54: Es ist besser von drei Arten je zehn Tiere zu halten als zehn Arten mit je zwei oder drei Tieren.

Lebendgebärende Zahnkarpfen Es gibt wohl keinen Aquarianer, der nicht mit Lebendgebärenden Zahnkarpfen begonnen hat, der nicht stolz auf seine ersten selbstgezüchteten Guppies war. Diese Fische sind für den Anfänger wie für den Spezialisten mit züchterischen und genetischen Kenntnissen gleichermaßen interessant. Bis auf ganz wenige Arten passen alle in jedes Gesellschaftsaquarium, sie sind friedlich und nicht wählerisch im Futter. Darüber hinaus haben die zunehmenden Kenntnisse von den Vererbungsregeln dieser Arten inzwischen zu äußerst dekorativen Zuchtformen geführt, die die oft unscheinbaren Wildformen der gleichen Arten weit in den Schatten stellen. Die Vermehrung dieser Arten ist denkbar einfach, weil gleich gut entwickelte und relativ große Jungfische lebend

Lebendgebärende Zahnkarpfen

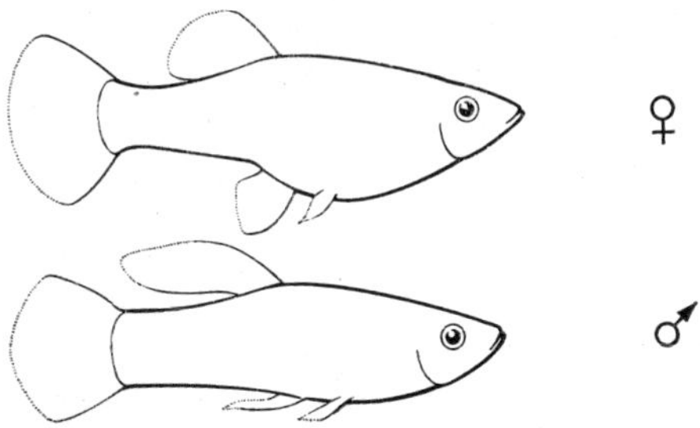

abgesetzt werden und das mühsame Aufpäppeln von oft nur Millimeter großen Fischchen entfällt. Man muß die Weibchen nur daran hindern, nach ihren gerade geborenen Jungfischen zu schnappen. In dicht bepflanzten Aquarien kommt immer eine ganze Anzahl durch. In Züchtereien setzt man die Weibchen zum fälligen Termin (etwa aller vier Wochen) in Wurfkäfige, durch deren Gitterwände die Jungfische beim Geburtsakt fallen und damit vor der Mutter sicher sind.

Eine spezielle Interessengemeinschaft, die Zentrale Arbeitsgruppe Lebendgebärende Zahnkarpfen, befaßt sich mit der planmäßigen standardisierten Zucht nach festliegenden Regeln, führt Ausstellungen und Bewertungen durch und leitet die Züchter an.

Geeignete Arten für den Anfänger sind neben dem Guppy, *Poecilia reticulata,* und dessen Zuchtformen (Abb. 19) die Schwertträger (Abb. 20) und Platies der Gattung *Xiphophorus* sowie die Zuchtformen der meist als »Black Molly« bezeichneten schwarzen Form von *Poecilia (Mollienesia) sphenops* (Abb. 21).

Eierlegende Zahnkarpfen Sie gelten als Fische für Spezialisten, nicht nur weil sie, pärchenweise gehalten, im Gesellschaftsbecken meist nicht zur Geltung kommen und sich irgendwohin »verdrücken« und weil mit ihrer Fortpflanzung eine Reihe von Sondermaßnahmen verbunden ist. Sie lassen sich hingegen in dicht bepflanzten Becken sehr gut untereinander vergesellschaften, wenn man die Größenverhältnisse der einzelnen Arten und die zur Pflege notwendigen Wasserwerte berücksichtigt.

Oberflächenfische aus dieser systematischen Gruppe sind die Arten der Gattungen *Aplocheilus* (aus Indien und Hinterindien) und *Epiplatys* (Afrika), Mittelwasser- und bodennahe Zone (Abb. 22, 23): *Aphyosemion* (Abb. 24) und *Roloffia* (Afrika), ausschließlich in Bodennähe leben die Arten der Gattungen *Nothobranchius* (Afrika), *Cynolebias* und *Pterolebias* (Südamerika). Die süd- und mittelamerikanischen *Rivulus*-Arten sind in allen Bereichen zu Hause und zeichnen sich durch ganz besondere Springfreudigkeit, wie auch manche *Aphyosemion*-Arten, aus. Hier ist auf gute Beckenabdeckung zu achten.

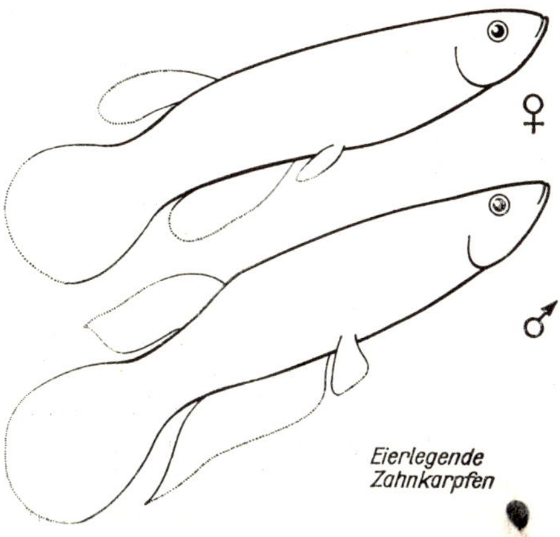

Eierlegende Zahnkarpfen

Einige wenige Arten passen auch in ein Gesellschaftsbecken des Anfängers, so der Querbandhechtling, *Epilatys dageti* (Abb. 23), ein ausgesprochener Oberflächenfisch. Falls nur größere Arten gepflegt werden sollen, kann man den indischen Streifenhechtling, *Aplocheilus lineatus* (Abb. 22), ebenfalls ein Oberflächenfisch, hinzusetzen. Da diese Art aber 10 cm groß werden kann und z. B. Jagd auf Guppy-Männchen macht, sollten die anderen Arten nicht zu klein sein.

Salmler Die Salmler umfassen eine recht große Anzahl meist südamerikanischer und nur weniger afrikanischer Arten, die oft an einer typischen kleinen Fettflosse zwischen Rücken- und Schwanzflosse erkennbar sind. Es sind fast ausschließlich Schwarmfische des Mittelwasser- oder Oberflächenbereichs; nur wenige Arten halten sich bevorzugt in Bodennähe auf. Für die Salmler gilt das unter dem Stichwort Gesellschaftsbecken Gesagte, nämlich daß es besser ist, von drei Arten je zehn Tiere zu halten als von zehn Arten je ein Paar. Die in der Literatur sehr häufig erwähnten besonderen Ansprüche an den Wasserchemismus, d. h. das Bedürfnis nach weichem und saurem Wasser, gelten nur für die Zucht der Salmler, müssen

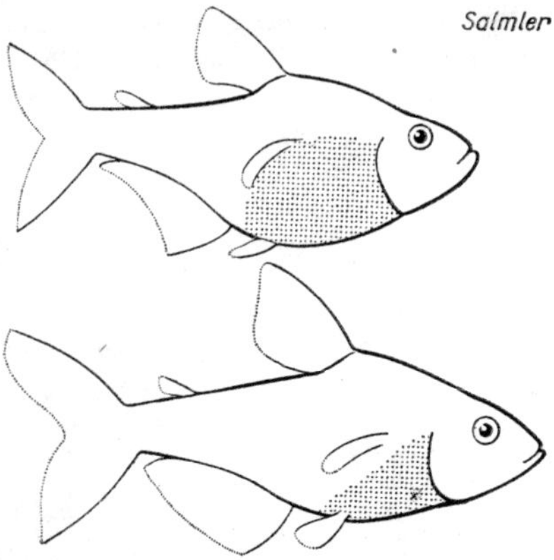

aber den Liebhaber nicht abschrecken, auch in einem mit hartem Wasser beschickten Gesellschaftsbecken Salmlerschwärme zu halten. Ein Hinweis dazu. In den zoologischen Fachgeschäften wird zur Hälterung der zum Verkauf angebotenen Fische meist das gleiche Leitungswasser verwendet, das auch Ihnen zur Verfügung steht. Was also in den Verkaufsbecken Ihres Zoohändlers schwimmt und dort nicht wasserbedingt innerhalb von zehn Tagen verendet, können Sie getrost kaufen — diese Arten überleben auch das Leitungswasser in Ihren Aquarien.

Da viele Salmler ihre Farben umgebungsbedingt ändern können, sollte ein Salmlerbecken dunklen Bodengrund und stellenweise so dichte Bepflanzung haben, daß die Fische dadurch zu satterer Farbgebung provoziert werden. Über blendendweißem Kies werden Sie wenig Freude an den dann blassen Fischen haben. Eine große Schieferplatte, die in den Kies eingearbeitet wird, wirkt da manchmal schon Wunder. Auch eine großwüchsige Pflanze, die in einer Ecke die Oberfläche mit ihren Blättern abdeckt, hat die gleiche Wirkung.

Einige Salmlerarten sind Pflanzenfresser. Andere, nicht als solche ausdrücklich gekennzeichnet, knabbern garantiert doch von Zeit zu Zeit an den frischen Trieben der Pflanze, auf die Sie besonders stolz sind. Sie können das unterbinden, wenn sie von Anfang an ein oder zweimal in der Woche einige wenige Haferschneeflocken zufüttern; wegen der damit verbundenen Wassertrübung empfiehlt sich das möglichst unmittelbar vor dem Wasserwechsel.

Schwerer ist es allerdings, Fische an Haferflocken zu gewöhnen, wenn die Unart erst einmal eingerissen ist, Blätter anzufressen.

Der Anfänger sollte erst einmal mit den folgenden Arten Erfahrungen sammeln: Sternflecksalmler, *Pristella riddlei* (Abb. 25), Rote von Rio, *Hyphessobrycon flammeus* (Abb. 26), Trauermantelsalmler, *Gymnocorymbus ternetzi* (Abb. 27), Blutsalmler, *Hyphessobrycon callistus* (oft als »serpae« oder »minor« angeboten) und Rautenflecksalmler, *Hemigrammus caudovittatus* (Vorsicht: ein Pflanzenfresser!).

Barben und Bärblinge Noch stärker als die Salmler in Schwärmen zusammenlebend und damit *die* Schwarmfische schlechthin sind die Barben und Bärblinge, von denen die meisten im Aquarium gehaltenen Arten aus dem vorder- und hinterindischen Raum stammen, während die afrikanischen Arten sich aquaristisch auf die Dauer nicht durchgesetzt haben. Wenn es auch keinem Fisch am regelmäßigen Wasserwechsel mangeln sollte — Barben brauchen ihn am nötigsten! Zu ihrer Haltung empfehlen sich langgestreckte Aquarien, deren Wasserstand nicht besonders hoch sein muß, denn sie bevorzugen auch in ihrer Heimat die Gewässerränder schwach bis stärker fließender Kleingewässer. Sie sind allgemein sehr sauerstoffbedürftig — viel sauerstoffbedürftiger als z. B. Salmler — und hängen bei eintretenden Wasserverschmutzungen ziemlich schnell an der Oberfläche und schnappen nach Luft. Dann ist allerhöchste Gefahr und letzte Gelegenheit für einen Wasserwechsel.

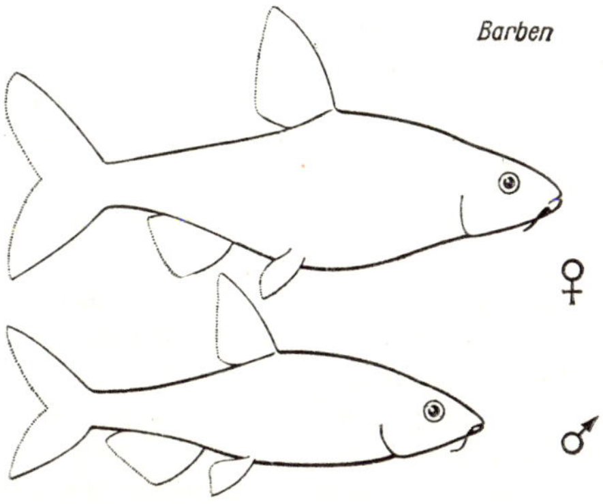

Wer Freude an Barben haben will, sollte möglichst immer mehr als zehn Tiere einer Art pflegen. Gewarnt werden muß hier ausdrücklich vor der Haltung von Einzeltieren. Alle Barben sind nämlich sehr lebhaft und ziehen normalerweise den ganzen Tag mit ihren Schwarmgenossen auf Futtersuche im Aquarium umher. Können sie diesen Bewegungsdrang nicht innerhalb eines Schwarmes abreagieren oder ist die Gruppe zu klein, mit der sie zusammenleben, so kann sich das stärkste Tier zu einem wirklich unerträglichen »Stänker« auswachsen, der pausenlos einen bestimmten Fisch durch das Becken treibt. Die reizend gefärbte Sumatrabarbe, *Barbus tetrazona* (Abb. 28), ist ein solcher Fisch, aber andere Arten haben diese unangenehme Eigenschaft auch.

Übrigens sollte man auch Barben von Zeit zu Zeit pflanzliches Beifutter in Form von Haferschneeflocken, Instant-Getreide-Produkten oder Weizenkeimen zukommen lassen, da auch sie plötzlich eine bestimmte Pflanzenart buchstäblich abweiden können. Bei der empfohlenen Schwarmhaltung wird dann natürlich recht gründlich aufgeräumt.

Unangenehm kann die Eigenschaft werden, ständig den Boden gründelnd nach Futter abzusuchen und dabei Mulm aufzuwirbeln. Hier hilft nur ein Filter mit starker mechanischer Säuberungskraft bei hohem Wasserumlauf. Dieses Gründeln ist für viele Barben lebensnotwendig, da sie mit dem Mulm Bakterienarten aufnehmen, die ihnen das Verdauen erleichtern. Experimente haben ergeben, daß einige Barbenarten in peinlich saubergehaltenen, bodengrundfreien Aquarien kümmern und an Mangelerscheinungen zugrunde gehen.

Aber lassen Sie Ihr Aquarium nun nicht vorsätzlich verschmutzen, erinnern Sie sich, daß Barben viel frisches Wasser benötigen.

Empfehlenswerte Arten für den Anfänger sind alle Arten der Gattung *Brachydanio* (Abb. 29), die besonders die oberen Wasserschichten bevorzugen, weiterhin die robuste Prachtbarbe, *Barbus conchonius,* für die Sie im geheizten Zimmer nicht einmal eine zusätzliche Aquarienheizung brauchen, die muntere Sumatrabarbe, *Barbus tetrazona* (Abb. 28), und die Purpurkopfbarbe, *Barbus nigrofasciatus,* die als Jungfisch zwar sehr unscheinbar aussieht, deren Männchen jedoch, wenn sie etwa ein Jahr alt sind, ein kräftiges Lackschwarz mit einem davon wirkungsvoll abgesetzten purpurroten Kopf zeigen. Denkbar anspruchslos ist auch der hübsche Kardinalfisch, *Tanichthys albonubos,* der nicht nur ohne Heizung auskommt, sondern, in einem Becken zu sechs bis zehn Tieren allein gepflegt, Sie alsbald auch mit Jungfischchen überrascht, die in den oberen Wasserschichten des Aquariums unbehelligt herumschwimmen und von denen immer einige groß werden, auch wenn man sie nicht gezielt anfüttert. Sie suchen sich kleinste Lebewesen von den Pflanzen ab, und das scheint ihnen zu genügen . . .

Panzerwelse Zunehmender Beliebtheit erfreuen sich in den letzten Jahren die Panzerwelse, die als ausgesprochene Bodenfische den Fischbesatz manches Gesellschaftsaquariums harmonisch ergänzen können. Natürlich muß man eines in Kauf nehmen: diese Tiere wühlen sozusagen »von Beruf« im Bodengrund herum und hinterlassen nicht unerhebliche Staubwolken. Nun, man kann es ja bei fünf bis sechs Tieren einer Art belassen. Einzeln gehalten liegen sie recht träge am Boden und werden erst spät am Abend aktiver. Dann braucht man auch gar keine Welse zu halten. Wer sie sehen möchte, der halte auch von diesen Tieren eine kleine Gruppe, denn Panzerwelse sind Bodenschwarmfische. Die meisten in Gesellschaftsaquarien gehaltenen Welse bleiben um so kümmerlicher entwickelt, je futterbedürftiger die übrige Beckenbesatzung ist. Bis die Futtergabe am Boden angekommen ist, ist sie schon von den anderen Fischen größtenteils verzehrt, so daß für die Panzerwelse oft nur die Reste bleiben. Wer also Welse pflegt, muß etwa eine Viertelstunde nach der ersten Fütterung noch einmal

Panzerwelse

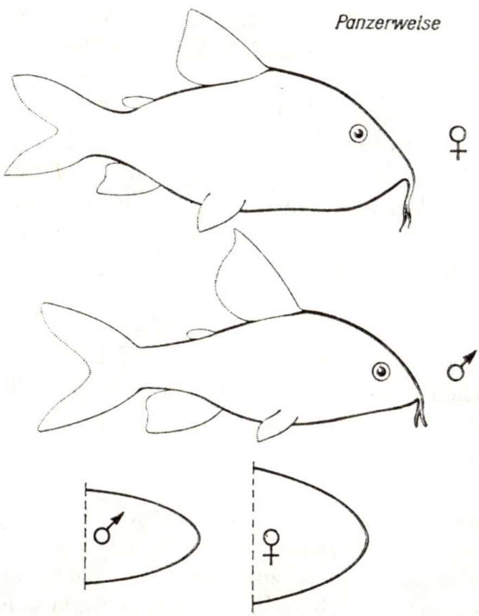

nachfüttern, damit diese Bodentiere auch ausreichend ernährt werden können. Kommt dann immer noch nichts unten an, muß eben noch einmal nachgefüttert werden. Leider wird das bisher völlig vernachlässigt, so daß es nicht zufällig ist, daß bei Zuchtversuchen mit Arten, die vorher im Gesellschaftsbecken gepflegt wurden, gerade die Panzerwelse stets den geringsten Erfolg brachten. Den wahren Futterbedarf von Welsen kennen die Spezialisten für diese Gruppe. Sie wissen, daß die Panzerwelse den gefräßigsten Cichliden in nichts nachstehen!

Gewöhnlich sind im Handel nur zwei Arten erhältlich: der Punktierte Panzerwels, *Corydoras paleatus* (Abb. 30), und der Goldstreifen-Panzerwels, *Corydoras schultzei* (Abb. 31). Zunehmend werden zwar auch andere Arten gezüchtet, doch ist das Angebot nicht kontinuierlich, und der Anfänger ist gut beraten, sich zunächst auf die beiden genannten Arten zu beschränken.

Außer den Panzerwelsen sind von Zeit zu Zeit auch Harnischwelse einer noch nicht bestimmten *Loricaria*-Art im Angebot. Diese Tiere bevorzugen Algennahrung und kümmern z. B., wenn man zu viele Exemplare in einem Gesellschaftsaquarium hält, in dem ja der Algenwuchs nicht beliebt ist. Außerdem fressen sie die lästigsten Algenarten zum Verdruß des Aquarianers überhaupt nicht, so daß sie oft — trotz völlig veralgter Blätter — am Boden größere Kieselsteine zum x-ten Mal »polieren« und dabei zusehends verhungern. Sehr gern nehmen sie aber Feinfrostspinat. Nun sähe allerdings ein Aquarium, in das wir regelmäßig kleinere oder größere Portionen von Feinfrostspinat einbringen, binnen kurzem aus wie ein Nilpferdbecken im Zoologischen Garten. Um das zu vermeiden, denn dagegen käme wohl kein Filter an, bestreicht man flache Steine dünn mit der Spinatmasse, läßt sie einen Tag antrocknen und füttert die Welse, indem man diese Steine auf den Bodengrund des Aquariums legt. Ehe die Masse abgeweicht ist, haben die Harnischwelse meist bereits den Stein sauber »geputzt«. In Gesellschaftsbecken kann es allerdings passieren, daß z. B. Barben oder Lebendgebärende Zahnkarpfen solche Beläge schneller abweiden als die Fische, für die sie gedacht sind. Ein Zeichen dafür, daß auch diesen Fischen pflanzliche Nahrung fehlte. Man muß dann eben ein paar Steine mehr vorbereiten.

Labyrinthfische Mit den durchschnittlichen Temperaturen von etwa 25 °C, die für das Gesellschaftsaquarium empfohlen wurden, sind die Labyrinthfische meistens nicht zufrieden. Wir haben es hier mit der wärmebedürftigsten Fischfamilie unter den Aquarienfischen zu tun, und schließlich haben sie ihr zusätzliches Atmungsorgan, eben das »Labyrinth«, weil sie aus Gewässern stammen, in denen die Temperatur so hoch ansteigt, daß der geringe dann noch vorhandene Sauerstoffgehalt des Wassers zum Leben nicht mehr ausreicht. Diese Arten können den atmosphärischen Sauerstoff nutzen — sie steigen zur Wasseroberfläche, atmen aus und wieder ein und müssen das, je wärmer das Wasser ist, um so öfter wiederholen. Ständig bei z. B. 22 °C gehaltene Labyrinthfische leben also »auf Sparflamme« und sehen gewöhnlich auch so aus. 25 °C brauchen sie mindestens, wobei sie keinen Schaden nehmen, wenn sie kurzzeitig auch tieferen Temperaturen ausgesetzt sind. So richtig lebendig werden sie aber erst bei Temperaturen um und über 30 °C; meist genügt das Ansteigen der Temperatur in diesen Bereich, um sehr schnell das Paarungsverhalten auszulösen. Falls es dabei zu Laichabgaben kommt und man die Jungfische aufziehen möchte, muß man das in einer Ecke oder unter einem an der Oberfläche schwimmenden Blatt oder, was seltener geschieht, das in einer Höhle gebaute Schaumnest mit den Eiern oder den bereits geschlüpften Jungfischen in ein Glas fließen lassen und in ein anderes Aquarium überführen.

Labyrinthfische sind keine Schwarmfische. Bei der Pflege dieser Arten genügt es meist, ein Pärchen zu besitzen, in größeren Bekken auch mehrere Paare. Bei einer Art, beim Honigfadenfisch, *Colisa chuna,* benötigt man allerdings mehrere Männchen, um mindestens eines, nämlich das stärkste, in Prachtfärbung zu sehen. Meist jedoch sind Männchen der Labyrinthfische untereinander recht aggressiv, d. h., jedes versucht, sein Territorium so groß wie

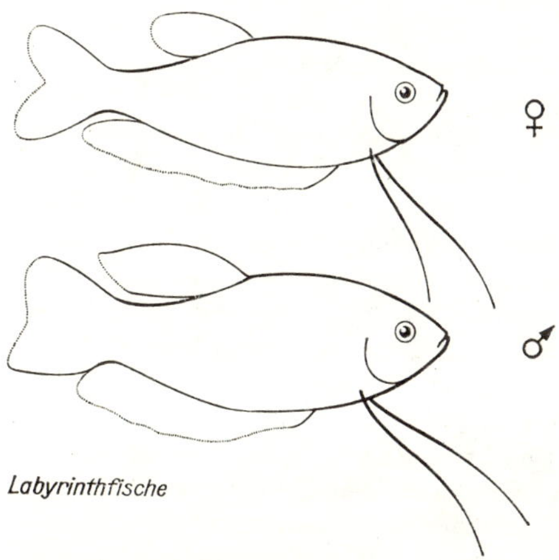

Labyrinthfische

möglich zu halten. Ganz besonders ausgeprägt ist diese Eigenschaft bei Schleierkampffischen, *Betta splendens,* von denen man zwar mehrere Weibchen, aber stets nur ein Männchen im Gesellschaftsbecken halten sollte.

Dennoch kann der Kampffisch für das Gesellschaftsaquarium nicht uneingeschränkt empfohlen werden. Es gibt immer wieder

5*

Exemplare, und das ist ihnen von außen nicht anzusehen, die sich irgendwo im Aquarium unter einem Blatt oder in einer Ecke verbergen und einem vorbeischwimmenden Fisch plötzlich einen Biß versetzen. Meist suchen sie sich dazu den Kopf und dann besonders die Augenpartie aus. Falls also in einem mit Kampffischen besetzten Gesellschaftsbecken mehreren Fischen die Augen fehlen, dann war der Übeltäter unter Garantie der Kampffisch. Auch Weibchen dieser Art entwickeln solche Eigenschaften, doch ist das weitaus seltener.

Trotz ihres ebenfalls dekorativen Flossenbehanges sollten Makropoden, *Macropodus opercularis,* oder Schwarze Makropoden, *Macropodus concolor* (Abb. 32), nicht in jedes Gesellschaftsbecken übernommen werden. Sie sind oft anderen Fischen gegenüber sehr aggressiv und erreichen eine Größe, die es ihnen erlaubt, Fische bis zu »Guppy-Männchen-Format« zu verzehren und größere Fische bei Beißereien schwer zu verletzen. Dagegen lassen sich große Labyrinthfische in entsprechend geräumigen Becken ohne Probleme vergesellschaften. Solche großwerdenden Arten sind vor allem in der Gattung *Trichogaster* zu finden.

In das Gesellschaftsbecken des Anfängers paßt besonders gut der Zwergfadenfisch, *Colisa lalia,* der nur zur Laichzeit in der Nähe seines Schaumnestes aggressiv ist.

Buntbarsche Fast durchweg erreichen Buntbarsche Größen, die sie in die Lage versetzen, so manchen kleiner bleibenden Aquarienfisch zu verzehren. Da es außerdem Tiere sind, die ein recht großes Revier beanspruchen, sind die meisten Arten durchweg untauglich für das Gesellschaftsbecken. Ausnahmen sind der Maronibuntbarsch, *Aequidens maronii,* und der Indische Buntbarsch, *Etroplus maculatus,* sowie die Zwergcichliden. Fast alle Arten können stärkere Bodenbewegungen beim Anlegen von Gruben hervorbringen, dabei stören Pflanzen sie in keiner Weise — die werden ausgebuddelt oder abgebissen. Schon dadurch mag mancher Aquarianer keine Cichliden, wie die Buntbarsche in Anlehnung an ihre wissenschaftliche Familienbezeichnung auch genannt werden. Dabei sind es fast durchweg äußerst farbenprächtige Fische, die außerdem reizvolle Balzspiele und sehr intensive Brutpflegehandlungen beobachten lassen. Weitere Vorzüge dieser Familie sind meist recht große Jungfische, die sich fütterungstechnisch leicht aufziehen lassen. Kein Wunder also, wenn sich die erste Spezialisierung vieler Anfänger auf Buntbarsche richtet.

Es ist in gewissen Grenzen möglich, mehrere Paare von gleich stark eingeschätzten Arten in einem geräumigen Aquarium vergesellschaftet zu pflegen. Das erfordert aber ein entsprechend eingerichtetes Aquarium, in dem mehrere Reviere durch das Einbringen von Steinreihen, Wurzeln, kräftigen Pflanzen usw. vom Pfleger vorgegeben werden. Die zur gleichen Zeit eingesetzten Fische teilen dann das Aquarium den vorgegebenen Territorien gemäß auf und halten sich auch weiterhin an diese Ordnung. Nun bekommt man ganz selten Pärchen dieser Arten zu kaufen. Meist ist man gezwungen, sechs bis zehn Jungfische zu erwerben, die man heranwachsen läßt und von denen man das Paar behält, das sich zuerst absondert und ein Revier bezieht. Falls also beabsichtigt ist, ein Aquarium mit drei verschiedenen Buntbarsch-Arten zu besetzen, muß man von jeder Art sechs bis zehn Jungfische kaufen, von denen man nur je ein Paar behält. Dieser Prozeß dauert etwa ein dreiviertel bis ein Jahr. Man wählt dann aber Fische aus, die einander in Größe und Temperament gewachsen sind, z. B. Rotbrustbuntbarsche, *Cichlasoma meeki,* Streifenbuntbarsche, *Aequidens portalegrensis,* und Zebrabuntbarsche, *Cichlasoma nigrofasciatus* (Abb. 34).

Ebensogut lassen sich die verschiedenen Zuchtformen des Segelflossers, *Pterophyllum scalare* (Abb. 35), in einem allerdings mindestens 40 cm hohem Becken halten.

Leichter hat man es mit den afrikanischen Maulbrütern aus dem Malawi-See. Je weniger Tiere man davon hält, desto aggressiver

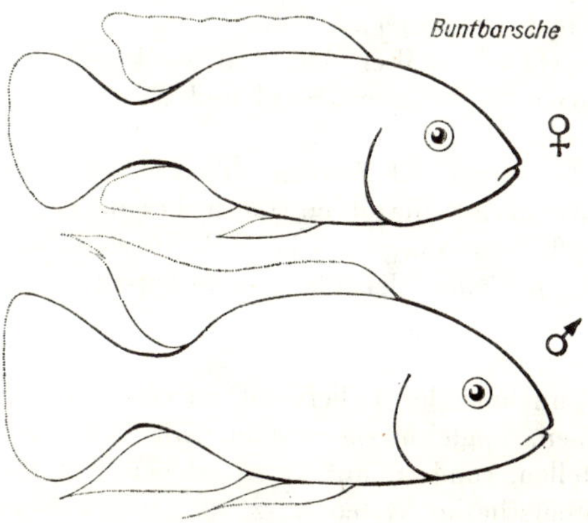

sind sie untereinander. Die Erfahrung hat gezeigt, daß sich viele Arten sehr gut miteinander vertragen, sobald eine ziemlich große Individuendichte erreicht ist. Dadurch verteilen sich die vielen kleinen Aggressionshandlungen auf viele Fische und konzentrieren sich nicht auf eines oder mehrere schwächere Tiere. In solch relativ dicht besetzten Aquarien kämpft sich das jeweils in Fortpflanzungsstimmung befindliche Männchen für die kurze Zeit des Ablaichens das dazu notwendige Revier frei. Nach dem Ablaichen stellt sich das die Eier im Maul tragende Weibchen irgendwo an einem versteckten Ort ruhig ein, während das Männchen wieder seinen Platz im »sozialen« Gefüge dieses Maulbrüter-Gesellschaftsbeckens einnimmt.

Nicht als Vergesellschaftung mit anderen Fischen sind die Fälle anzusehen, in denen man einem einzeln gehaltenen Pärchen andere Fische beifügt, um z. B. Schutzhandlungen gegenüber der Brut auszulösen. Es ist nämlich so, daß mitunter einzeln gehaltene Cichliden-Paare weitaus besser pflegen, wenn sie einen Fremdling aus ihrem Revier vertreiben müssen. Fehlen solche Feinde, kümmern sich die Eltern mitunter nicht um die Brut, ja sie fressen zuweilen sogar die Gelege auf, weil sie sie nicht verteidigen müssen. Für die Rolle solcher »Prügelknaben« sollten aber stets nur recht große Fische Verwendung finden.

Die Gelege werden meist an flächigen Substraten angeheftet. Es ist daher vielfach leicht, den betreffenden Stein, die Wurzel oder das mit Laich bedeckte Blatt in ein spezielles Aufzuchtbecken zu überführen.

Will man einen Schwarm bereits geschlüpfter und scharf bewachter Jungfische aus einem Aquarium entnehmen, so kann man diese Jungtiere mit einem Schlauch abziehen, wobei darauf geachtet werden muß, daß man die saugende Öffnung im Aquarium durch einen Trichteraufsatz so gestaltet, daß zwar das Wasser mit den Jungfischen abgesogen wird, Steine, Sand und Kies aber im Aquarium verbleiben.

Allgemein sind die bevorzugt auf Steinen ablaichenden Arten leichter aufzuziehen als solche, die ihren Laich besonders auf breitblättrigen Wasserpflanzen ablegen, wie z. B. *Pterophyllum scalare* oder *Cichlasoma festivum,* der Flaggenbuntbarsch.

Zwergbuntbarsche Zunehmender Beliebtheit erfreuen sich die Zwergbuntbarsche, denen, obgleich sie systematisch keine einheitliche Gruppe darstellen, sondern mit verschiedenen Familien größer werdender Buntbarsche im System verzahnt sind, doch ein spezieller Abschnitt gewidmet werden soll. Zwar gilt für sie alles in gleicher Weise, was zu den Buntbarschen allgemein ausgeführt wurde, doch bieten sie den bedeutenden Vorteil, alle positiven Eigenschaften der Buntbarsche mit einer wesentlich geringeren Größe der Tiere zu verbinden. Daher ist es möglich, ein Pärchen des Blauglänzenden Zwergbuntbarsches, *Nanacara anomala* (Abb. 36), oder ein Männchen mit zwei bis drei Weibchen irgendeiner *Apistogramma*-Art einem Salmler-Gesellschaftsbecken beizufügen, ohne daß der übrige Besatz beschädigt oder gar gefressen würde. Farbenpracht und Brutpflege sind bei den Zwergbuntbarschen in gleicher Weise intensiv entwickelt, so daß man auch im Gesellschaftsbekken die Aufzucht eines kleinen Schwarmes von Jungfischen verfolgen kann. Während dieser Zeit allerdings halten vor allem die Weibchen das Revier von anderen Fischen frei und jagen andere Beckeninsassen mitunter heftig umher. Aber gerade solche Verhaltensweisen sind es ja, die Leben in die Gleichförmigkeit eines bloßen Schwarmfisch-Gesellschaftsbeckens bringen.

Hüten sollte man sich davor, aus dem Namen Zwergbuntbarsche auf ein zwergenhaft kleines Aquarium zu schlußfolgern. Am besten kommen sie tatsächlich in einem locker besetzten Gesellschaftsbekken zur Geltung, und das sollte ohnehin, wenn es mehreren Gruppen Schwimmraum bieten soll, nicht unter 80 cm Länge, 35 cm Höhe und 40 cm Tiefe angelegt sein. Bei Einzelhaltung in 50-cm-Aquarien sind die Zwergbuntbarsche ewig scheu und offenbar beschäftigungslos, so daß man in solchen Fällen das Hinzusetzen einiger »Prügelfische« empfehlen muß. Dann sind die Zwergbuntbarsche wesentlich aktiver, pflegen intensiver ihre Gelege und sind vor allem zu sehen.

Im Handel findet der Anfänger fast ständig den bereits erwähnten *Nannacara anomala.* Zu dieser Art muß noch gesagt werden, daß die Weibchen nach der Eiablage sämtliche Brutpflegehandlungen allein durchführen und auch das Männchen nicht in der Nähe des Geleges dulden.

In einem reich bepflanzten, gut in einzelne Territorien aufgegliederten Aquarium von 80 × 40 cm Grundfläche ist es möglich, daß das Männchen die nachdrücklichen Kämpfe um eine angemessene Distanz zum Gelege überlebt. Es ist keineswegs übertrieben, wenn man für jedes Gelege eines *Nannacara-anomala*-Weibchens den Verlust eines Männchens einplanen muß. Je kleiner ein Aquarium ist, desto öfter muß man ein Männchen nachkaufen. Vorsichtige Aquarianer nehmen also, sobald das Weibchen die nicht zu übersehende Schachbrett-Zeichnung mit schwarzen Kiemendekkeln zeigt, doch lieber das Männchen heraus. Sobald die Brut schwimmt, hat das Weibchen mit dem Zusammenhalten des Schwarmes so viel zu tun, daß das Männchen zwar noch verjagt, aber nicht zu Tode gehetzt wird. Eine Woche nach der Laichablage darf das Männchen ruhig wieder eingesetzt werden. Es gibt auch tolerantere Weibchen, doch kann man den Toleranzbereich erst nach Überleben des Männchens einschätzen ...

So aggressiv sind die *Apistogramma*-Weibchen nach der Laichablage höchstens gegenüber hartnäckig wieder ins Revier einschwimmenden Fischen. Das Männchen wird zwar zeitweilig auch bedroht — es dreht aber sofort bei, wenn es sich von seinem in diesem Fall geradezu giftgelb gefärbten Weibchen angegriffen fühlt. Nicht umsonst werden mehrere Weibchen zu einem Männchen empfohlen, da es vorkommen kann, daß ein Weibchen sich intensiv um sein Gelege kümmert, das Männchen aber nicht weiter lästig fällt, weil es bereits mit einem anderen Weibchen beschäftigt ist.

Am einfachsten ist *Apistogramma reitzigi,* der Gelbe Zwergbuntbarsch, zu halten, da er keine Ansprüche an besondere Wasserqualitäten stellt und auch noch in recht hartem Wasser gut gedeiht. *Apistogramma agassizi,* lange Zeit als *der* Zwergbuntbarsch bekannt, ist wesentlich heikler und sollte vom Anfänger erst versucht werden, wenn bereits gute Erfahrungen mit einer anderen Art gesammelt worden sind. Als *Apistogramma ramirezi* wird eine Zwergcichliden-Art angeboten, die in Aussehen und Verhaltensweise aus dem Rahmen des *Apistogramma*-Bildes doch herausfällt. Hier haben wir eigentlich den kleinsten Großcichliden vor uns, bei dem z. B. auch die Brutpflege von beiden Elterntieren in Harmonie abgewickelt wird. Diesen Schmetterlings-Zwergbuntbarsch betrachte man sich in der zoologischen Handlung doch ein paar Tage vor dem Kauf. Er ist in mittelhartem und weichem Wasser gut züchtbar. Man sieht den Tieren in der Zoohandlung ziemlich schnell an, ob sie aus gleichen oder völlig unterschiedlichen Wasserverhältnissen stammen. Klemmen sie die Flossen und huschen sie im Schwarm im Becken umher, so sind es garantiert Tiere, mit denen Sie Mißerfolge erleben. Stehen sie aber im Becken und »prügeln« sich mit gespreizten Flossen, so können Sie beruhigt welche kaufen, auch wenn sie blaß sind. Die Farbe kommt bestimmt bei Ihnen zu Hause, wenn die Tiere mehr Ruhe haben.

Ährenfische Trotz der gewachsenen Freizeit gibt es doch Phasen im Leben eines jeden Menschen, die eine intensive Beschäftigung mit seiner Liebhaberei nicht in dem Maße erlauben, wie man es sich eigentlich wünscht. Viele Aquarianer glauben deshalb, auf die Aquaristik völlig verzichten zu müssen. Dabei gibt es eine Gruppe von Fischen, die tatsächlich außer Futter, kräftiger Durchlüftung und hin und wieder einem Wasserwechsel keine Anforderungen an den Pfleger stellt. Wenn man von diesen Arten ein oder zwei Männchen mit drei bis fünf Weibchen in dem einst so stark besetzten Gesellschaftsbecken für sich allein hält, hat man sogar die Chance, ein paar Jungfische nebenher aufwachsen zu sehen und erlebt in den wenigen Beobachtungsminuten interessante Überraschungen. Diese Arten sind Dauerlaicher, d. h., sie geben über mehrere Wochen hinweg täglich in den Vormittagsstunden wenige Eier ab, die sie zudem recht ungleichmäßig im Aquarium verteilen, so daß die Schnecken nicht alle finden. Man braucht aber auch nicht zu befürchten, daß es in wenigen Monaten von Jungfischen nur so wimmelt. Während die Elterntiere dem Laich und den Jungen nicht nachstellen, jagen die größeren Jungfische frisch geschlüpfte sehr hartnäckig, so daß von der ersten Serie gewöhnlich die meisten durchkommen, später nur noch Einzeltiere.

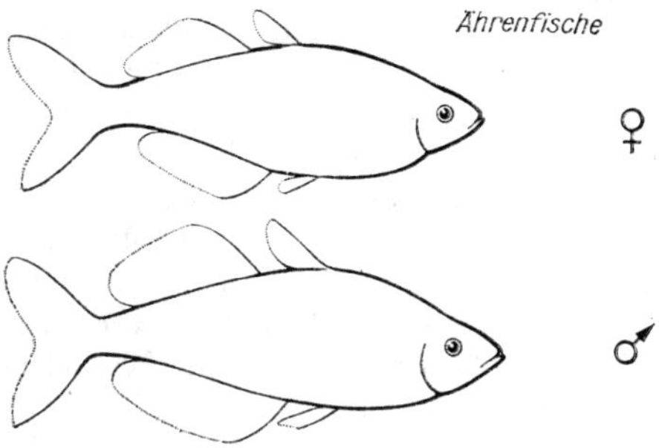

Von den im Handel erhältlichen Arten eignen sich zwei besonders für eine solche Haltung: Der Rotschwanz- oder Madagaskar-Ährenfisch, *Bedotia geayi,* und der Kleine Regenbogenfisch, *Nematocentris maccullochi.* Eine dritte Art, der Sonnenstrahlfisch, *Telmatherina ladigesi,* bedarf doch aufmerksamerer Pflege und ist problematischer, weil er recht empfindlich auf Wasserverschmutzungen reagiert.

Zuchtformen Der größte Teil des umfangreichen Zierfischangebots ist schon langjährig als Aquarienfische eingeführt und wird bereits in der x-ten Generation in Aquarien nachgezüchtet. Schon diese Aquarienformen entsprechen oft nur im weitesten Sinne den in den Ursprungsgebieten vorkommenden Tieren der gleichen Art. Es hat im Laufe der Jahrzehnte eine Auswahl stattgefunden, die der Züchter bewußt und der Liebhaber größtenteils unbewußt betrieb — während zur Zucht beispielsweise stets die farbenprächtigsten Tiere verwendet wurden, die der Züchter bewußt auswählte, wurden farbschwächere Tiere vom Liebhaber nicht gekauft. Im Ergebnis dieses jahrelangen Prozesses sind einige Arten im Laufe der Zeit tatsächlich schöner und farbenprächtiger geworden als ihre wilden Vorfahren.

Gelegentlich wird das Gegenteil geschrieben. Die Deutung dieser gegenteiligen Auffassungen ist m. E. falsch. Es heißt dort, daß zur Blutauffrischung wieder Importe kommen müßten, da unsere Aquarienstämme hoffnungslos degeneriert seien. Das ist falsch! Es konnte nachgewiesen werden, daß nur schlecht aufgezogene Fische schlecht aussehen. Es konnte auch nachgewiesen werden, daß bei der von solchen nachlässig aufgezogenen und daher schlecht aussehenden Fischen gewonnenen Nachzucht unter sorgfältiger Pflege hervorragend gefärbte und kräftig entwickelte Fische aufgezogen werden konnten, die Importen der gleichen Art farblich und körperlich weit überlegen waren. Damit sind also schon Vertreter, die sich nur durch bessere Ausprägung der gleichen Merkmale auszeichnen, die auch die wildlebenden Fische besitzen, Ergebnisse der züchterischen Beeinflussung durch den Menschen. Um so mehr gilt das für Formen, die im Aquarium auftraten, sich in wesentlichen Merkmalen von den wildlebenden Verwandten unterschieden, und züchterisch fixiert wurden. Es bleibt dahingestellt, ob solche Abweichungen in Farbe oder Flossenform nicht auch unter Wildbahn-Bedingungen auftreten. Offenbar erreichen diese veränderten Formen aber in der Heimat der Fische nicht den zum Überleben erforderlichen Grad der Übereinstimmung mit den natürlichen Gegebenheiten, so daß sie auf irgendeine Weise aus dem Schnitt der Populationen herausfallen und dadurch in ihrer Existenz von vornherein gefährdet sind. Das würde z. B. für Albinos schon in zweifacher Hinsicht zu Nachteilen in der Entwicklung solcher Tiere führen. Einmal nämlich heben sich Tiere mit Farbmangelerscheinungen von der Umgebung so deutlich ab, daß sie leicht von ihren natürlichen Feinden gesehen werden. Zum anderen beruht die den Albinos oft nachgesagte mangelhafte Lebenstüchtigkeit auf der Tatsache, daß durch die fehlenden Pigmente in der Iris eine gewisse ständige Überblendung vorliegt, die den albinotischen Tieren schon bei der Aufnahme von Futter mehr Probleme bereitet als den wildfarbenen Geschwistern bei gleichem Futterangebot.

Farblich gibt es von jeder Wildform mit grauem Grundton grundsätzlich nur zwei Abweichungen: Die Abweichungen mit Tendenz zu Schwarz und die mit der Tendenz zu Gelb bzw. Weiß, mit dem Extrem Albino. Das bekannteste Beispiel ist der sogenannte »Black Molly« als schwarzes Extrem einer auf grauem Grund schwarzgescheckten Wildform. Von nahen Verwandten, dem Breitflossenkärpfling, *Poecilia (Mollinisia) latipinna,* und dem Segelkärpfling, *Poecilia (Mollinisia) relifera,* kennt man beide Extreme zur grauen Wildform, nämlich »Mitternachtsmollies« und Albino-Mollies.

Andere Veränderungen treten in den Flossenformen auf. So besitzen wir bereits eine erhebliche Anzahl schleierflossiger Formen aus fast allen für die Aquarienhaltung geeigneten systematischen Gruppen.

Besonders hervorhebenswert ist die inzwischen genetisch stark bearbeitete Variabilität einiger Lebendgebärender Zahnkarpfen-Arten der Gattung *Xiphophorus* aus Mittelamerika. Gerade die Art *Xiphophorus maculatus* weist eine Vielfalt von unterschiedlich kombinierbaren genetischen Farbmerkmalen auf, die zu einer für den Anfänger schwer übersehbaren Zuchtformenhäufung führt. Es ist dann für den Laien schwer vorstellbar, daß diese farblich so unterschiedlichen Fische sämtlich der gleichen Art angehören. Ein Vergleich soll veranschaulichen, wie es zu dieser Vielfalt der Farb- und Zeichnungsmerkmale kommt:

Unser Tageslicht, das wir ja als weiß empfinden, setzt sich aus vielen Farbkomponenten zusammen, die wir z. B. vom Phänomen des Regenbogens her kennen. Filtern wir unter den Bedingungen der Lichtbrechung bestimmte Farbanteile ab, so erscheinen nur noch die Komplementär-Farben. So ähnlich muß man sich das Zustandekommen vieler Farbschläge und Zeichnungsmuster bei den erwähnten Platy-Zuchtformen vorstellen. Der Wildfisch besitzt im Idealfall alle Merkmale in ausgewogener Form und erscheint deshalb — grau. Unter Gefangenschaftsbedingungen fielen in der Nachzucht einzelne Tiere an, die z. B. rote Rückenflossen zeigten. Konsequent weitergezüchtet, wurden schließlich völlig rote Tiere erzielt. Ebenso traten gelbe Tiere auf. Hinzu kam, daß Schwarzfleckung, flächiges Schwarz am Körper und Schwarzfärbung der Flossenstrahlen sowie der Flossenhäute sich mit den graugrünen, roten und gelben Körpergrundfarben kombinieren ließen. Im Verlauf der intensiven Erforschung dieser Art in den Heimatgebieten wurden auch dort lokale Populationen entdeckt, die keineswegs so grau waren wie die Erstimporte im ersten Jahrzehnt unseres Jahrhunderts. Wo die Verhältnisse es gestatten, überleben also auch in der Natur farblich von der Masse der Wildformen abweichende Stämme. Unter Aquarienbedingungen kam hinzu, daß auch die verschiedensten Flossenveränderungen erblich fixiert auftraten. Der mit Grundkenntnissen der Genetik bewanderte Aquarianer kann sich also von dieser Fischgruppe eine Zuchtform nach Wunsch herauszüchten, indem er sich bemüht, ihm besonders attraktiv erscheinende Merkmale auf einem Fisch zu kombinieren. Das geschieht nicht planlos, sondern nach fest umrissenen Zuchtzielen, die in einem Zuchtstandard zusammengefaßt wurden, der speziell dafür erarbeitet wurde und heute in vielen Ländern Europas bei Ausstellungen und Züchtervergleichen Anwendung findet.

Auf die gleiche Art und Weise ist der zeitweilig zum Futterfisch degradierte Guppy, *Poecilia (Lebistes) reticulata* (Abb. 19), wieder zu aquaristischen Ehren gekommen. Die heute auf Ausstellungen gezeigten Guppy-Männchen mit breiten triangelförmigen Schwanzflossen und intensiven Körperfarben lassen den einstmals als bunt empfundenen Wildguppy in nichts mehr erkennen.

Man mag zu Zuchtformen stehen wie man will, sie sind — auch wenn manche Aquarianer meinen, daß hier der Natur ins Handwerk gepfuscht würde — letztlich doch Ausdruck der jeder Art innewohnenden Veränderlichkeit. Auch Wildformen sind ja nicht einheitlich, und das ist der beste Beweis. Wenn unter Aquarienbedingungen diese jeder Art innewohnende Variabilität erkannt und vom Aquarianer schöpferisch ausgenutzt wird, um attraktivere, dem Bedürfnis nach vollendeter Schönheit entsprechende Zuchtformen herauszuarbeiten, so hat man ja letztlich in diese Tiere nichts Unnatürliches hineingetragen, sondern aus ihnen das nur Mögliche, das nur natürlich Mögliche herausgeholt!

Nicht jeder kann jede Erscheinungsform als schön empfinden und genießen — deshalb sind Zuchtformen Geschmackssache. Suchen Sie sich für Ihr Aquarium diejenigen heraus, die Ihnen gefallen, und lassen Sie die anderen den anderen!

Geschlechtsunterschiede Es ist typisch für den Anfänger, daß er von möglichst vielen Arten ein Pärchen pflegen möchte. Ehe wir diese Haltung verdammen, wollen wir doch berücksichtigen, daß es verständlich ist, daß ein Anfänger zunächst die Formen- und Farbenvielfalt der Zierfische durch eigenes Erleben übersichtlicher ordnen will und deshalb bemüht ist, in kurzer Zeit so viele Fische wie möglich zum Zweck des Kennenlernens zu besitzen. Er will deshalb auch immer gleich wissen, anhand welcher Merkmale man Männchen und Weibchen unterscheiden kann.

Es wird wahrscheinlich jedem einleuchten, daß in einem Bändchen dieses geringen Umfangs nicht ausführlich die Geschlechtsunterschiede jeder der im Handel befindlichen ungefähr 250 bis 300 Arten und Zuchtformen abgehandelt werden können. Versuchen wir deshalb, generell ein paar Merkmale herauszustellen, die jeder Familie in ihren typischen Vertretern eigen sind, auf die Gefahr hin, daß der eine oder andere Fisch durch die Maschen dieses locker geknüpften Netzes schwimmt.

Salmler: Männchen meist kleiner, Bauchpartie gerade bis eingefallen wirkend, wenn Flossenverlängerungen, dann immer deutlich sichtbar.

Weibchen durch die fülligere Bauchpartie meist plumper wirkend, Schwimmblase liegt den Eingeweiden immer lückenlos an (Fische bei durchscheinendem Licht betrachten).

Barben/Bärblinge: Männchen schlanker, teilweise auch größer als Weibchen, dann aber in der Rückenpartie deutlich aufgewölbt, Bauchlinie viel flacher als bei den Weibchen.

Panzerwelse: Fische von oben betrachten! Der von den Kiemendeckeln zur Schnauzenspitze gebildete Winkel verläuft bei den Männchen spitzer, bei den Weibchen stumpfer. Beim Vergleich sind unbedingt mehrere Tiere erforderlich.

Labyrinthfische: Männchen: mindestens die Rückenflosse endet spitz und ist oft noch fahnenartig ausgezogen. Bei den meisten Arten sind die Männchen wesentlich farbenprächtiger als die Weibchen. Flossen bei den Weibchen abgerundet oder zumindest nicht fahnenartig verlängert.

Buntbarsche und Zwergbuntbarsche: Männchen stets größer und mit gewölbter Stirnpartie, oft, aber nicht immer, farbenprächtiger als die Weibchen.

Ährenfische: Männchen größer, farbenprächtiger und mit größeren Flossenflächen als die Weibchen. Rückenpartie stärker ausgeprägt.

Eierlegende Zahnkarpfen: Männchen äußerst farbig, Flossen zugespitzt, Weibchen meist lehmgelb mit bräunlichen Zeichnungselementen.

Lebendgebärende Zahnkarpfen: Afterflosse des Männchens wird zum Begattungsorgan umgebildet und angelegt getragen, Afterflosse des Weibchens ist großflächig entwickelt und erfährt keine Gestaltveränderung.

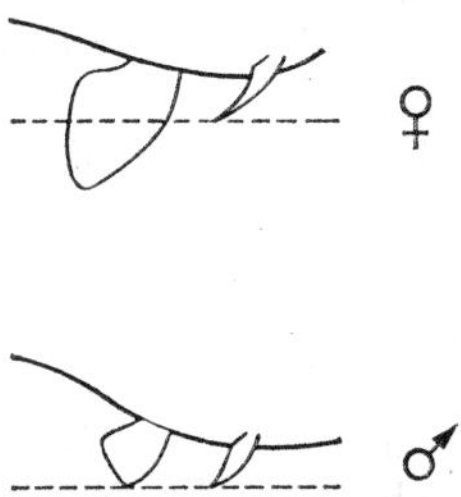

Geschlechtsunterschiede bei Jungfischen Lebendgebärender Zahnkarpfen

Nun besteht die Schwierigkeit darin, daß die handelsübliche Größe der Zierfische nicht in jedem Fall bereits Männchen und Weibchen erkennen läßt. Alle Jungtiere sehen etwa so aus, wie die Weibchen später bleiben, während die männlichen Merkmale erst mit der Geschlechtsreife ausgebildet werden.

Es ist auf jeden Fall gut, wenn nicht streng pärchenweise gekauft wird, sondern gerade der Anfänger sich ein halbes Dutzend Fische kauft und im Verlauf des nächsten halben Jahres zu Hause in aller

Ruhe zuschaut, wie sich aus sechs Jungfischen Männchen und Weibchen entwickeln. Man kann natürlich auch Pech haben und unter seinen sechs Tieren nur ein Geschlecht vertreten finden, deshalb hier folgender Tip: Die meisten Arten kommen etwa im Alter von zwölf Wochen in den Handel. Da jeder Zoohändler stets nur so viele Tiere einkauft, wie er schätzungsweise innerhalb der nächsten vierzehn Tage bis drei Wochen verkaufen wird, sind die von Ihnen gekauften Tiere maximal vier Monate alt. Bei genauem Hinschauen sind dann bis auf Buntbarsch-Arten meist schon die Geschlechtsunterschiede — zumindest in der Tendenz — erkennbar. Haben Sie trotzdem nichts gesehen, als Sie die Tiere kauften, und Ihre Fische unterscheiden sich nach weiteren zwei Monaten noch immer nicht, müssen Sie damit rechnen, Pech gehabt zu haben. Dann ist zu ermitteln, ob Sie Männchen oder Weibchen besitzen. Packen Sie ruhig Ihre ganze »Truppe« in ein geräumiges Schraubglas oder einen Plastikbeutel und gehen Sie in die Zoohandlung, aus der die Tiere stammen, oder zu einem Ihnen bekannten Aquarianer. Man wird Sie dann beraten, welches Geschlecht Sie nachkaufen müßten.

Anders ist es bei Buntbarschen. Wenn Sie sich für eine Art entschieden haben, kaufen Sie mindestens sechs, besser zehn Jungtiere. Aus dieser Gruppe findet sich nach spätestens einem dreiviertel Jahr mindestens ein Paar. Behalten Sie das Paar oder die beiden Paare, die sich zuerst finden, und versuchen Sie, die restlichen Jungfische wieder loszuwerden. Mehr als zwei Paare kann man gewöhnlich auch bei geschicktester räumlicher Aufgliederung eines großen Aquariums auf die Dauer nicht zusammen halten.

Verlieren Sie nicht den Mut, wenn es Ihnen nur langsam gelingt, die Geschlechtsunterschiede Ihrer Fische erkennen zu können. Die Fische nehmen das Geschlecht eines beliebigen Partners ihrer Art auch nicht sofort wahr. Die Verhaltensforscher haben festgestellt, daß viele Fischarten den Geschlechtspartner erst beim Kämpfen erkennen. Grundsätzlich wird vor jedem Tier der eigenen Art erst einmal imponiert, d. h., mit gespreizten Flossen und allem, was an Farben geboten werden kann, wird eine Drohhaltung eingenommen. Aus dieser Drohhaltung, die das angedrohte Tier nun ebenfalls einnimmt, entwickelt sich ein meist kurzer Kampf, während dessen die Tiere an der Art, wie der Partner kämpft, das Geschlecht des anderen Fisches erkennen. Sind es zwei Männchen, die da aufeinandertreffen, so wird der Kampf allerdings längere Zeit dauern. Begegnet sich dagegen ein Paar, so wird aus dem Kämpfen fast übergangslos die Balz des Männchens.

Mitunter treten bei jungen Männchen lange vor der geschlechtstypischen Einfärbung oder der ebenfalls geschlechtstypischen Flossenveränderung bereits Andeutungen solcher Balzphasen auf, woran erfahrene Aquarianer schon frühzeitig die künftigen Männchen und Weibchen unterscheiden können, bevor die eigentlich typischen Merkmale ausgeprägt werden.

Sie sehen also, Ihre Anfangsschwierigkeiten haben verständliche Gründe, denn die Vielfalt der Erscheinungsformen, die mit der Ausprägung geschlechtstypischer Eigenschaften verbunden sind, macht dieses Kapitel gerade für den Anfänger recht kompliziert. Gehen Sie daher Schritt für Schritt von Art zu Art, die Sie pflegen, auf dieses Problem zu und denken Sie daran, daß Tausende von Aquarianern vor den gleichen Schwierigkeiten standen und sie gemeistert haben.

Jungfische Fast jeder Fisch, den Sie in Ihr Gesellschaftsbecken einsetzen, ist noch ein Jungfisch. Wir verstehen darunter ein geschlechtlich noch nicht differenziertes Tier bzw. einen Fisch, der die volle Ausprägung seiner Geschlechtsmerkmale erst erleben wird. Daraus leiten sich bestimmte Hälterungsgrundsätze her, die wir im folgenden nennen und erläutern wollen.

Jungfische sind noch nicht ausgewachsen, benötigen also noch alle Voraussetzungen, um ihr körperliches Wachstum optimal fortsetzen zu können. In ihren Heimatgebieten findet die Fortpflanzung in der Jahreszeit statt, die dem Jungfisch ein Optimum an Futter, Wasser und Wärme garantiert. Behandeln Sie also Ihre Neuerwerbung dementsprechend.

Aber vielleicht ziehen Sie selbst auch einmal ein paar Jungfische groß. Machen Sie dann bitte nicht den Fehler, der immer wieder gemacht wird. Während nämlich das Gesellschaftsbecken, in dem sich die Elterntiere befinden, meist groß und gräumig ist, meinen viele Liebhaber, für die kleinen Jungfische genüge auch ein kleines Aquarium. Genau das Gegenteil ist richtig. Die geschlechtsreifen Fische wachsen meist nur noch unerheblich. Für sie würde ein relativ kleines Aquarium genügen, wenn alle Hälterungsbedingungen erfüllt werden. Die Jungfische aber benötigen zum schnellen Wachstum recht große Behälter, da die zur Verfügung stehende Wassermenge durch den hohen Futterumsatz stärker verschmutzt wird, als das bei den Elterntieren der Fall ist.

Ermöglichen Sie also Ihren Jungfischen ein optimales Heranwachsen durch geräumige Behälter, gleichmäßig hohe Wassertemperatur (über 25 ° bis 30 °C), hohe Futtergaben, starke Durchlüftung und häufigen Wasserwechsel!

Brutpflegende Arten Jedes Aquarium bildet bei gut ausgewogener Besetzung mit Fischen eine Lebensgemeinschaft aus, die vom pflegenden Aquarianer durch den sinnvollen Besatz geregelt wird.

In den Heimatgebieten der Fische greift niemand regulierend in solche Lebensgemeinschaften ein — es sei denn ein Raubfisch, der das Überhandnehmen einer Art stoppt. Zur Erhaltung der jeweiligen Art ist es jedoch notwendig, die Nachkommenschaft in enormer Zahl hervorzubringen, so daß mit dieser hohen Stückzahl das wahrscheinliche Fortkommen einer ausreichenden Anzahl von Fischen dieser Art gewährleistet ist. Andere Arten vermehren sich nicht so stark, schützen aber die geringe Stückzahl ihrer Nachkommenschaft auf verschiedene Art und Weise in den kritischsten Wochen ihres Heranwachsens. Man kann generalisierend sagen, daß die Brutpflegehandlungen einer Art im umgekehrten Verhältnis zur produzierten Jungfischmenge und im direkten Verhältnis zur ökologisch bedingten Gefährdung der Nachkommenschaft stehen. Man könnte dem entgegenhalten, daß es brutpflegende Arten mit hoher Nachkommenschaftsrate pro Paar gibt, wie z. B. bei fast allen Labyrinthfischen. Man darf aber nicht vergessen, daß ein Labyrinthfisch-Männchen ein recht großes Revier von Angehörigen der gleichen Art freihält, so daß es — bezogen auf die Größe des Reviers — verhältnismäßig wenige Jungfische sind. Schwarmfische dagegen, wie z. B. die Barben, laichen in riesigen Schwärmen ab, wodurch im Vergleich ungeheure Mengen von Jungfischen hervorgebracht werden, die, außer zeitlich sehr begrenzten und nicht deutlich ausgeprägten Revierschutzhandlungen, keinerlei Brutfürsorge durch die Elterntiere erfahren und daher stark dezimiert werden.

Gerade die brutpflegenden Arten und nicht so sehr Farben und Formen ihrer Pfleglinge reizen viele Aquarianer. Im folgenden sollen ein paar Arten aufgeführt werden, deren Brutpflege vielleicht auch für Sie interessant ist.

Schon allein die Tatsache, daß der Laich nicht wahllos irgendwo zwischen Pflanzen, am Boden oder im freien Wasser abgegeben, sondern konzentriert an einer begrenzten Stelle zusammengetragen wird, stellt bereits die erste Voraussetzung für Brutpflegehandlungen dar. Das ist bei Labyrinthfischen, Buntbarschen und einigen wenigen Salmlern der Fall.

Labyrinthfische bauen meist an der Wasseroberfläche, und dort bevorzugt unter einem Schwimmblatt oder in der Aquarienecke, ein Schaumnest aus vielen kleinen, mit Speichel umkleideten Luftblasen, in die bei einigen Arten Pflanzenteile eingearbeitet werden. So ein Schaumnest kann aber auch unter einem Blatt im Mittelwasser, ja sogar im Dach einer Höhle angelegt werden. Die Laichabgabe findet meist unter diesem Schaumnest statt; entweder steigt der Laich zum Schaumnest empor, oder herabsinkender Laich wird (meist nur vom Männchen) mit dem Maul aufgenommen und in das Schaumnest befördert. In jedem Fall aber übernimmt das

Der Wagtail-Platy gehört zu den schönsten der über 50 Zuchtformen des Spiegelkärpflings (*Xiphophorus maculatus*). Hier die sogenannte Fahnenträgerform

Nothobranchius rachovi ist ein Saisonfisch, dessen Eier zur Entwicklung eine Trockenperiode benötigen (oben).
Aphosemion cognatum, der Rote Prachtkärpfling, kommt nur im Artbecken richtig zur Geltung.
Zu den beliebtesten Aquarienfischen gehört der Blutsalmler (*Hyphessobrycon callistus*).

Die Heimat des Zwergziersalmlers (*Nannostomus marginatus*) sind Surinam und Westguayana (oben).
Der Rautenflecksalmler (*Hemigrammus caudovittatus*) ist sehr anspruchslos und unempfindlich.
Einer der bekanntesten Aquarienfische ist der auffällige Neon (*Paracheirodon innesi*).

Besonders während der Laichzeit leuchtet die Farbe des Männchens der Purpurkopfprachtbarbe (*Barbus nigrofasciatus*) außerordentlich kräftig.

Wie die Neonsalmler sollte auch der Rote Neon (*Lamprocheirodon axelrodi*) im Schwarm gehalten werden.

Einer der schönsten Süßwasserfische: *Barbus conchonius,* die Prachtbarbe.

Von Honiggurami (*Colisa chuna*) sollte man stets mehrere Männchen pflegen, da einzelne Männchen blaß bleiben.

Farbenprächtiges Feuermaulbuntbarschmännchen (*Cichlasoma meeki*); oben.

Leider kann man von den schönen Kampffischen (*Betta splendens*) immer nur ein Männchen pro Becken halten.
Der Macropode (*Macropodus operculatus*) ist, was Pflege und Zucht betrifft, sehr anspruchslos.

Punktierter Buntbarsch (*Etropus maculatus*) mit Jungfischen.

Nicht sehr verträglich gegen andere Arten sind die Perlcichliden (*Cichlasoma cyanoguttatum*).

Der Rotgeschwänzte Ährenfisch (*Bedotia geayi*) wird bis zu 9 cm lang.

Etwas höhere Pflegeansprüche stellt der Celebessegelfisch (*Telmatherina ladigesi*).

Zwei Beispiele für attraktiv gestaltete Unterwasserlandschaften.

Männchen allein die Pflege des Laichs. Sehr häufig besteht die erste Schutzhandlung des Männchens darin, das Weibchen am Verzehren der soeben gelegten Eier zu hindern und es mit kräftigen Bissen und Rammstößen zu verjagen. Es ist am besten, das Weibchen zu entfernen. Bis zum Ausschwärmen der Jungfische betreut nun das Männchen die anfangs hilflosen Embryonen, die winzig klein sind und z. B. beim Herabsinken vom Nest nicht die Kraft haben, sich wieder nach oben zu arbeiten. Solche Jungfische nimmt das Männchen ins Maul, trägt sie nach oben und spuckt sie wieder ins Schaumnest zurück. Gleichzeitig wird das Revier mit aller Konsequenz verteidigt.

Buntbarsche legen ihren Laich meist in Bodennähe, einige Arten aber auch auf Pflanzenteilen nahe der Oberfläche ab. Die Jungen werden nach dem Schlüpfen in eigens zu diesem Zweck ausgehobene Gruben gebracht, und oft ziehen die Tiere mehrmals um, wobei ständig neue Gruben angelegt werden.

Zu den Buntbarschen gehören auch die Maulbrüter, von denen wir heute eine recht große Anzahl kennen, seit Mitte der 60er Jahre die farbenprächtigen Arten aus dem Malawi-See in die Aquaristik eingeführt wurden. Das Prinzip ist bei allen Arten etwa gleich: nach der Laichabgabe nehmen die Weibchen sofort die Eier ins Maul, wo sie im stark dehnungsfähigen Mundboden gespeichert werden. Die Besamung der Eier findet erst im Maul der Weibchen statt. Bei vielen Arten besitzen nämlich die Männchen auf der Afterflosse ein bis mehrere eiähnliche Farbkreise, die als Ei-Attrappen aufgefaßt werden. Das Weibchen schnappt nach diesen Farbflecken, um das vermeintliche Ei auch aufzunehmen. Dadurch wird das Männchen zur Sperma-Abgabe veranlaßt, und das mit Spermien angereicherte Wasser gelangt während der Schnapp-Bewegungen des Weibchens in den Mundraum an die Eier.

Es ist ein immer wieder anziehendes Bild, wenn, je nach Art, nach zwölf Tagen bis etwa drei Wochen die Jungfische aus dem Maul der Mutter entlassen werden, sie emsig wimmelnd auf Futtersuche gehen und bei jeder Beunruhigung entweder zum mütterlichen Maul zurückdrängen oder vom Weibchen hastig aufgenommen werden. Ist die Gefahr vorüber, läßt die Mutter die Jungfische wieder heraus.

Die wenigen südamerikanischen Maulbrüter kombinieren eigentlich nur die Maulbrutpflege mit der sonst von Buntbarschen gewohnten Fortpflanzungsweise, d. h., die Tiere laichen auf einem Stein, pflegen das Gelege bis zum Schlupf der Jungen wie alle anderen Buntbarsche auch und nehmen dann erst die bereits geschlüpften Jungtiere ins Maul, bis sie frei schwimmen können.

Die wenigen Salmler, die ihren Laich eng zusammen ablegen, bevorzugen meist breitblättrige Pflanzen. Das Männchen verbleibt bis zum Schlüpfen der Jungen in der Nähe des Geleges. Aus der gleichen Familie stammt der Spritzsalmler, *Copella arnoldi,* wohl der einzige Fisch, der außerhalb des Wassers seinen Laich ablegt. Bei dieser Art springt das laichende Paar etwa 10 cm aus dem Wasser heraus; an der Unterseite eines Blattes oder im Aquarium unter der Deckscheibe haftet das Paar mit Hilfe der lang und flächig entwickelten Flossen des Männchens. Nach der Laichablage fallen die Tiere zurück, springen aber noch mehrere Male, so daß doch etwa 200 Eier angeheftet werden. Das Weibchen wird nach der Laichablage vertrieben, das Männchen bleibt unterhalb des Laichplatzes an der Wasseroberfläche stehen und vollführt eine wirklich einmalige Pflegehandlung: es legt sich von Zeit zu Zeit s-förmig gekrümmt auf die Seite und schnellt sich seitlich verkippt liegend ein Stück durch das Wasser. Dabei wird mit der ausgezogenen Schwanzflosse ein Wassertropfen äußerst zielsicher auf das Gelege geschleudert. Die Jungfische schlüpfen außerhalb des Wassers in den am benetzten Gelege haftenden Wassertropfen und fallen mit solchen Wassertropfen in das Aquarium, falls sie nicht zur Aufzucht in ein gesondertes Becken überführt werden. Das Männchen kümmert sich also nicht um die Jungfische, sondern nur um das Gelege, so lange, bis die Jungfische herabgefallen sind.

Auch wenn es meist nicht so empfunden wird — die Ausreifung der Embryonen im Mutterleib bis unmittelbar vor der Phase der Schwimmfähigkeit, wie wir es bei den Lebendgebärenden Zahnkarpfen beobachten können, stellt eine Form der Brutpflege dar, vielleicht sogar die am weitesten fortgeschrittene. Im Aquarium stellen wir aber auch fest, daß aktive Schutzhandlungen gegenüber den Jungfischen gerade bei dieser Gruppe völlig fehlen, ja daß sogar durch das Einbringen des Weibchens in einen Wurfkorb verhindert werden muß, daß die Weibchen ihre gerade geborenen Jungfische als Futter betrachten und verschlingen. Wenn das Ziel der Brutpflege aber darin besteht, einen soweit wie möglich selbständig schwimmfähigen und selbständig ernährungsfähigen Jungfisch in das Gewässer zu entlassen, so stellt die Lebendgeburt (in diesem Fall das sehr stark verzögerte Schlüpfen eines relativ weit entwickelten Jungfisches) durchaus eine biologisch erfolgreiche Variante der vielfältigen Brutpflegeformen dar, die wir bei Fischen antreffen und im Aquarium beobachten können.

Pflege und Wartung

Fütterung Keine der Pflegearbeiten wird vom Anfänger so gewissenhaft betrieben wie die tägliche Fütterung der Fische. Meist wird hier sogar übertrieben. Doch betrifft das leider nur die Menge des gebotenen Futters, nicht aber die Qualität. Kurz gesagt, man füttert gern und viel, fragt aber nicht genügend nach den Nahrungsbedürfnissen der Fische.

Im Zoofachhandel gibt es den gesamten Sommer über die sogenannten Wasserflöhe der Gattung *Daphnia,* im Spätherbst bekommt man auch die kleinen grauen Hüpferlinge der Gattung *Cyclops,* im Winter bietet der Handel Bachröhrenwürmer, *Tubifex,* und von Zeit zu Zeit weiße Mückenlarven an, im Frühjahr überwiegen wieder die *Cyclops,* und von April an steigt der Anteil an »Wasserflöhen«. Das gesamte Jahr über erhält man aber verschiedene Trokkenfutterarten, die sich bequem aus der Tüte verfüttern lassen und wegen ihrer leichten Handhabung so recht geeignet sind, das schlechte Gewissen zu beruhigen, weil man wieder einmal kein lebendes Futter gegeben hat.

Hier soll beileibe nicht der unbedingten und ausschließlichen Fütterung mit lebendem Material das Wort geredet werden. Aber zweimal in der Woche sollten die Tiere doch lebendes Futter erhalten. Es soll hier auch nicht verworfen werden, mit Trockenfutter zu füttern. Aber man sollte nicht wochenlang ausschließlich und dann möglicherweise immer das gleiche Futter seinen Pfleglingen zumuten. So schwierig eine abwechslungsreiche Futterversorgung der Fische auch besonders in Großstädten sein mag, man sollte immer danach trachten. Und machen Sie sich am Wochenende doch einmal den Spaß, Ihr Fischfutter in einem Dorftümpel oder einem sauberen Gewässer selbst zu fangen. Schon die Fahrradtour dorthin wird Ihnen sehr zuträglich sein. Ihre Kinder nehmen Sie lieber erst beim zweiten Mal mit — es ist peinlich, wenn sie feststellen, daß Vater absolut nicht alle im Kescher befindlichen Tiere sicher und glaubwürdig zugleich mit Namen belegen kann.

Falls bei lebendem Futter einmal etwas zuviel ins Aquarium gegeben wird, muß das nicht gleich schlimme Folgen haben. Wesentlich ärger sind dagegen die Begleiterscheinungen und Folgen zu hoher Trockenfuttergaben. Schauen Sie sich doch Ihre Tiere einmal an! Der mit Futter zu füllende Körperraum, von allen Ihren Fischen addiert, ergibt nicht einmal einen Eßlöffel voll Trockenfutter. Machen Sie sich doch die Freude des mehrmaligen Fütterns, und geben Sie lieber im Laufe des Abends fünfmal eine kleine Messerspitze voll als einmal die gesamte Menge. Sie haben außerdem den Vorteil, bei mehrmaligen kleinen Futtergaben allen Fischen etwas zukommen zu lassen, ohne daß sich trübende Bestandteile im gesamten Aquarium verteilen oder schwerere Partikel zu Boden fallen und dort zu faulen beginnen, weil kein Fisch sich danach »bückt«, denn es wirbeln ja noch genügend andere Teile im Wasser herum oder schwimmen an der Oberfläche.

Mitunter wird empfohlen, Trockenfutter immer an der gleichen Stelle in einem an der Oberfläche schwimmenden Futterring zu verabreichen. Ich halte davon nicht viel. Wer daran Spaß hat, daß die Fische zur Fütterung ständig an eine bestimmte Stelle geradezu bettelnd herankommen, der kann es ja so machen. Meine Bedenken entspringen der Erfahrung, daß sich an diesem Futterplatz stets die größten oder die aggressivsten Fische oder die durchsetzen, in deren Revier sich dieser Futterplatz befindet. Oder sie richten ihr Revier aus diesem Grunde dort ein. Bei einer gleichmäßigen Verteilung der Futtergabe über die gesamte Oberfläche haben auch schwächere Tiere oder neu eingesetzte, noch scheue Fische die Chance, an irgendeiner Stelle des Aquariums ebenfalls Futter zu erhalten. Das wird sonst von einigen besonders heftig umherschwimmenden Tieren doch ziemlich unmöglich gemacht. Falls nach einer Stunde noch immer Futter an der Oberfläche zu sehen ist, haben Sie entschieden zuviel gefüttert. Sie sollten die Dosis beim nächsten Mal verkleinern und auf mehrere Portionen aufteilen, die Sie mit etwa einer Viertelstunde Abstand reichen. Sie merken dann sehr schnell, ob ihre Tiere noch stürmisch zum Futter schwimmen. Morgens verfahren Sie ähnlich — es ist jedoch auch möglich, daß Ihre Tiere morgens gar kein Futter erhalten. Damit wir uns richtig verstehen, das gilt für erwachsene oder nahezu erwachsene Tiere! Jungfische müssen möglichst gleichbleibend gefüttert werden, der Züchter sagt, sie müssen im Futter »stehen«. Dabei ist ausschließlich an kleines Lebendfutter gedacht, keineswegs an zentimeterdicke Beläge des Bodengrundes mit Trockenfutter.

Ihren Fischen, sobald sie etwa ausgewachsen sind, macht auch ein Hungertag pro Woche absolut nichts aus. Sie finden im Aquarium stets in gelb werdendes Blatt, an dem sie herumknabbern, sie tupfen die gesunden Blätter mit dem Maul nach Algen ab oder suchen am Bodengrund nach Resten. Auch in ihrer Heimat werden die Tiere nicht jeden Tag satt — eine gewisse Hungerperiode mit anschließendem hohen wertvollen Futterangebot führt übrigens dort wie auch im Aquarium zu kurzfristig eintretenden Laichansatz.

Nun gibt es allerdings ein paar Fischarten, die sich keinerlei Fastenperiode aufnötigen lassen und sofort beginnen, über Ihre Pflanzen herzufallen. Dazu neigen besonders alle Barben, aber nicht die Bärblinge, manche Salmler und auch eine Reihe von Groß-Cichliden, die eigentlich in dem Ruf stehen, nur Futterbrocken von Regenwurmgröße an aufwärts zu verschlingen. Die Lebendgebärenden Zahnkarpfen dagegen, die Sie fast ständig an den Pflanzen beschäftigt sehen, lassen gesunde Blattsubstanz in Ruhe.

Ältere, sich zersetzende Blätter dagegen werden durchaus gefressen. Falls Sie solche Fische in Ihrem Aquarium pflegen, schlage ich vor, einmal in der Woche, möglichst unmittelbar vor dem Wasserwechsel, Haferschneeflocken, Nährgrieß oder Weizenkeime (ungezuckert!) zu verabreichen. Gut bewährt haben sich auch Feinfrostspinat sowie Instant-Getreide-Produkte.

Sie können sich allerdings auch ein Zusatzfutter selbst züchten. In einem Lauberdegemisch, besser noch im Mulm aus hohlen Weiden, gedeihen mit Haferflocken gefütterte Enchyträen oder die kleineren Grindal-Würmchen recht gut. Es gehört ein gewisses Fingerspitzengefühl dazu, das Kulturgemisch hinreichend, aber nicht zu feucht zu halten und die Futterdosierung richtig einzuschätzen. Man deckt eine passend zugeschnittene Glasscheibe unmittelbar über die Futtermischung und hält das Holzkistchen gut verschlossen. Das Wichtigste, den Wurmansatz, bekommen Sie in zoologischen Fachgeschäften. Falls Sie dort kein Glück haben, und auch kein Mitglied einer Aquarianergruppe kennen, das Ihnen weiterhelfen kann, so hilft Ihnen sicher eine Fachzeitschrift, in der regelmäßig Inserate von Firmen erscheinen, die solche Wurmansätze mit Kulturanleitung verschicken. Aber dieses Wurmfutter darf nicht ausschließlich gegeben werden, da es sehr fettreich ist und auf die Dauer zu Schädigungen führt, wie es jede einseitige Fütterung mit sich bringt.

Wenn Sie mehrere solcher hier genannter Futterarten im Verlauf eines Vierteljahres abwechselnd anbieten können, brauchen Sie sich keine Gedanken über eventuell zu einseitige Fütterung zu machen. Alle hier genannten Futterarten brauchen Sie nicht ständig zu besorgen. Im übrigen haben Tausende von Aquarianern jahrelang erfolgreich Zierfische gepflegt und gezüchtet — auch diese Experten waren einmal Anfänger und haben das richtige Fingerspitzengefühl erworben. Nach einem halben Jahr, denke ich, sind Sie auch soweit.

Futterfang Soll das tägliche Einerlei des Verfütterns von in der Zoohandlung gekauftem Futter unterbrochen oder abgelöst werden, indem man zum Selbstfang von Fischfutter übergehen will, so hat das eine gründliche Prüfung der örtlichen Verhältnisse zur Folge. Nicht jedes Gewässer beherbergt das gesuchte Futter, und nicht jedes Gewässer, das das gesuchte Futter enthält, darf genutzt werden. Erkundigen Sie sich genau, wem der betreffende Teich gehört bzw. wer hier Nutzungsrecht hat. Zum Teil sind solche Teiche Aufzuchtteiche für Nutzfische, und es geht gar nicht darum, daß Sie vielleicht der heranwachsenden Karpfenbrut sechzig Wasserflöhe entziehen. Gefährlicher ist vielmehr, daß Sie auf Suchtouren hier und dort mit dem gleichen Kescher in verschiedenen Teichen nach Futter suchten und damit in das Karpfenaufzuchtgewässer möglicherweise Krankheiten eintragen können. Wundern Sie sich daher nicht, wenn Sie in solchen Fällen von aufsichtführenden Personen nicht sehr freundlich begrüßt werden.

Auch hier wieder empfiehlt sich der Kontakt zu anderen Aquarianern. Dort finden Sie auch immer ein paar »alte Hasen«, die genau wissen, wo es sich lohnt und wo man lediglich seinen Kescher einmal gründlich spült.

Zum Futterfang gehört ein Netz mit entsprechender Maschenweite für kleines oder größeres Futter, eine etwa 5 l fassende Plastik-Kanne oder Rähmchen aus Holz, die unten mit Metallgaze von entsprechender Dichte bespannt sind. Je kleiner das Futter ist, desto eher wird der Transport in der Kanne mit Wasser empfohlen, dagegen werden die »Wasserflöhe« und die Hüpferlinge in einer Schicht von etwa 3 bis 5 mm auf die Rähmchen gebreitet, kurz im Wasser eingeschwemmt, dann schräg zum Ablaufen des Wassers aufgestellt und vorteilhaft in einer passenden Kiste übereinander gestapelt. Bei dieser halbfeuchten Transportlagerung kommen mehr lebende »Wasserflöhe« zu Hause an, als Sie glauben, bei Transportwegen bis zu einer Stunde und nicht gerade tropischer Hitze sind nur wenige Tiere tot. Und die haben Sie wahrscheinlich beim Entleeren des Netzes gequetscht.

Unter Wahrung der erforderlichen Vorsichtsmaßnahmen ist der Futterfang auch im Winter trotz vereister Gewässer möglich. Halten Sie das erforderliche Eisloch so klein wie möglich und bedecken Sie die Stelle, ehe Sie den Tümpel verlassen, mit Ästen oder machen Sie sie sonstwie kenntlich, damit schlittschuhlaufende Kinder nicht zu Schaden kommen. Im Winter wird allerdings der Futtertransport bei strenger Kälte nur in Kannen möglich sein, da das Futter auf dem Rahmen sehr schnell gefriert.

Futterhälterung Gleichgültig, ob Sie das Futter gekauft oder selbst gefangen haben — falls es nicht mit einem Mal zu verfüttern ist, wollen Sie den Rest so lange wie möglich am Leben erhalten. Bestens geeignet sind dazu alte Badewannen, die man im Freien oder im Keller an einem möglichst kühlen Ort aufstellt. Natürlich muß eine große Schüssel auf dem Balkon vielfach auch genügen, nur kann man darin wesentlich weniger Futter hältern. Es ist in jedem Fall besser, das Futter zunächst in einem Hälterungsgefäß kurze Zeit aufleben zu lassen, als es so zu verfüttern, wie man es gerade nach Hause gebracht hat. In den Gewässern befinden sich schließlich nicht ausschließlich Fischnährtiere, sondern auch räuberische Insektenlarven, Süßwasserpolypen, parasitische Karpfenläuse sowie mancherlei Schnecken oder deren Laich wie auch Blätter, Schmutzteile usw., die wir nicht in unser Aquarium einbringen wollen. Im Hälterungsgefäß, das möglichst weiß emailliert sein sollte, sieht man all diese Dinge nach kürzerer Zeit deutlicher als im Futtertransportglas oder auf dem Rahmen. Außerdem sammeln sich abgestorbenes Futter sowie die Schmutzteile recht konzentriert am Boden und sind mit einem Schlauch gut zu entfernen. Das Wasser in diesen Gefäßen sollte mehrere Stunden vorher eingelassen werden, möglichst schon am Tag vorher. Eine zusätzliche Durchlüftung ist ratsam, aber nicht unbedingt erforderlich.

Falls man mehrere Futtergrößen im Fang hat, sollte man keine gemischte Hälterung betreiben, sondern durch Sieben zuerst die einzelnen Größen trennen und sie gesondert hältern. Man erleichtert sich dadurch das Füttern, da es sehr viel Zeit kostet, jedes Mal vor den Futtergaben erst die entsprechenden Größen herauszusieben. Die Futterfraktionen für die Jungfische richten sich nach der Größe des Jungfischauges. So groß wie das Auge eines Jungfisches ist, ist in der Mehrzahl der Fälle auch die Mundöffnung, so daß man hier einen guten Anhaltspunkt hat.

Größere Mengen von *Tubifex* kann man nur unter fließendem Wasser halten. Dabei genügt es, wenn das Wasser zutropft oder in ganz dünnem Strahl fließt. Da *Tubifex* aus organisch stark verschmutzten Gewässern gewonnen wird, scheiden diese Würmer noch mehrere Tage mit dem Darminhalt giftig wirkende Zersetzungsprodukte aus. Deshalb sollte *Tubifex* erst nach mehrtägiger Wässerung verfüttert werden. Weiße Mückenlarven können in großer Individuendichte an kühlen Orten lange Zeit gehältert werden. Da das Wasser jedoch dabei eine faulige Beschaffenheit annimmt, muß es je nach Besetzung des Hälterungsgefäßes teilweise recht oft erneuert werden. Vor der Verfütterung sind die weißen Mückenlarven im Futternetz unter fließendem Wasser zu spülen.

Schädlinge Falls man sich das Futter selbst fängt, kann es vorkommen, daß man nicht ausschließlich Futtertiere im Kescher hat, sondern beim Berühren von Pflanzenteilen im Tümpel auch Tiere fängt, die im Aquarium beträchtlichen Schaden anrichten können, bzw. bei denen es große Mühe erfordert, sie wieder zu beseitigen. Deshalb wurde schon geraten, das gefangene Futter möglichst in flachen Wannen mit hellem Untergrund zwischenzuhältern, um evtl. vorhandene Schädlinge entdecken zu können. Trotzdem kommt es vor, daß solche Tiere mit dem Futter in das Aquarium gelangen. Sie werden meist nur zufällig und oft viel später entdeckt, als sie eingebracht wurden.

Zu den häufigsten, unerwünschten Mitbringseln gehören Süßwasserpolypen. Wir entdecken sie meist erst, wenn sie bereits in größeren Mengen vorhanden sind und an verschiedenen Stellen des Aquariums plötzlich sichtbar werden, wenn man gerade Wasserflöhe gefüttert hat und die Süßwasserpolypen einige davon mit ihren Fangarmen erbeutet haben. Die klebrigen Anhäufungen von Wasserflöhen sind gewöhnlich das erste Signal, daß Süßwasserpolypen vorhanden sind. Nun werden Süßwasserpolypen nur sehr kleinen Jungfischen gegenüber gefährlich. Da sie aber in einem Gesellschaftsbecken viele Möglichkeiten haben, sich auszubreiten, und ihre Vermehrung bei den dort herrschenden Temperaturen geradezu rapide ist, werden erhebliche Mengen von Wasserflöhen abgetötet — weitaus mehr, als die Polypen verzehren können, wodurch Fäulnisherde größeren Ausmaßes entstehen können. In Jungfischbecken können die Folgen verheerend sein.

Wie bekämpft man diese kleinen, mit ausgestreckten Fangarmen höchstens 3 cm langen Tiere? Es gibt einige Fischarten, die beim Fressen von Süßwasserpolypen beobachtet worden sind. Dazu gehören vor allem Labyrinthfische, wie alle Fadenfisch-Arten, Kampffische und Makropoden. Diese Arten fressen aber große Mengen von Süßwasserpolypen nur dann, wenn nicht gefüttert wird. Satte Makropoden oder Fadenfische kümmern sich überhaupt nicht um diese kleinen Hohltiere. Da man aber die anderen Fische nicht verhungern lassen will, wird gewöhnlich weiter gefüttert, und so bleiben die genannten Arten ihrem Ruf als Hydravertilger dann doch einiges schuldig. Falls man sich aber entschließen kann, es doch einmal darauf ankommen zu lassen, und etwa eine Woche nicht füttert, entgeht den genannten Labyrinthfischen während der Futtersuche kaum ein Süßwasserpolyp. Wer schneller zum Ziel kommen möchte, kann mit Hilfe einer Taschenlampenbatterie, an deren Pollaschen Kupferdrähte angeschlossen werden, schon innerhalb kurzer Zeit, oft nur weniger Stunden, große Mengen von Süßwasserpolypen zum Absterben bringen. Diese Methode ist am wirksamsten bei hartem Wasser. Je weicher das Wasser ist, desto eher kann mit Schädigungen der Fische gerechnet werden. Es nutzt auch nichts, die befallenen Pflanzen herauszunehmen und zu behandeln. Meist kommen immer ein paar Tiere durch und erreichen bald wieder die ursprüngliche Individuendichte. Vorsichtshalber sollte man aber Fischarten, die als empfindlich gelten, bei der Bekämpfung der Süßwasserpolypen nicht im gleichen Bekken belassen und für ein paar Tage herausnehmen. In jedem Falle ist dann aber die biologische Bekämpfung durch hydrafressende Arten für den Chemismus des Aquariums am besten.

Ein anderer Schädling, der oft im Sommer mitgebracht wird, ist die Karpfenlaus, ein parasitisch lebender kleiner Krebs, der sich an den Körperseiten der Fische ansaugt, mit seinem Stechrüssel die Haut durchbricht und nicht allein den Fisch durch Entzug der Körperflüssigkeit schädigt, sondern durch die dabei geschlagenen Wunden allerlei Krankheitskeimen den Weg in den Fischkörper öffnet. Karpfenläuse sind äußerst schwer zu entdekken, da sie nahezu farblos grau bis höchstens schwach gelblich sein können. Man entfernt sie, indem man den befallenen Fisch herausfängt und mit dem unteren Löffel einer breiten Pinzette unter den schützenden Rückenschild der Karpfenlaus fährt. Meist jedoch fallen diese Tiere schon ab, wenn der Fisch im Netz liegt.

Auch allerlei Insektenlarven sind im selbstgefangenen Futter zu finden. Neben Libellenlarven sind es vor allem verschiedene Käferlarven, deren Gefährlichkeit für kleinere oder größere Fische oft nicht abgeschätzt werden kann. Besonders muß dabei auf die Larve des Gelbrandkäfers geachtet werden. Diese Larve ist sehr gut am breiten runden Kopf und an den beiden stark zangenartig ausgebildeten Mundwerkzeugen zu erkennen. Sie müssen unverzüglich herausgefangen und getötet werden, da sie auch größere Fischarten empfindlich schädigen können. Harmlos dagegen ist die mit ständigem Beinschlag dahinschwebende Larve des Furchenschwimmers, die man sehr häufig im Sommer in großen Beständen von »Wasserflöhen« findet. Diese Larve kann unsere Fische nicht gefährden. Von größeren Fischarten wird sie gern gefressen.

Eintagsfliegenlarven, die daran zu erkennen sind, daß sie seitlich am Körper kleine, ständig in Bewegung befindliche Kiemenblättchen tragen, sind ebenfalls ein gutes Fischfutter für größere Fische, können aber Jungtiere bis zur Größe von neugeborenen Lebendgebärenden Zahnkarpfen bei massenhaftem Auftreten überfallen und töten. Vergessen wir auch die Schnecken nicht, die wir in verschiedenen Größen mitbringen, oder deren gallertiges Gelege, das an Pflanzenteilen hängen kann, wodurch es schwer zu entdecken ist. Eines Tages bemerken wir dann größere Mengen von Schnecken, deren Herkunft uns nicht immer gleich klar ist. Zur Bekämpfung solcher Schneckenarten genügt mitunter schon eine starke Anreicherung des Aquarienwassers mit Salz, doch besteht dabei die Gefahr von Pflanzenschädigungen, wenn man die Salzlösung nicht schnell wieder abzieht und durch Frischwasser ersetzt. Besser ist es, diese Schnecken zunächst zu ködern, indem man ein bißchen Schabefleisch in einem kleinen Tuchbeutel ins Aquarium hängt. Die sich bald dort ansammelnden Schnecken kann man in einem daruntergehaltenen Kescher schütteln und aus dem Aquarium heben. Solche Bekämpfungsmaßnahmen müssen aber konsequent vierzehn Tage lang durchgeführt werden, da man nicht weiß, wo überall noch Gelege im Aquarium verstreut sind. Da die Schlupfzeit bei Temperaturen zwischen 20 und 25 °C um zehn bis vierzehn Tage herum liegt, kann man auch die im Aquarium schlüpfenden Jungschnecken so anlocken und recht leicht vernichten. Es nützt aber nichts, wenn man die Abstände so groß hält, daß die jungen Schnecken geschlechtsreif werden und sich vermehren.

Wasserwechsel Die Lebenstätigkeit der Fische und der Pflanzen bringt es mit sich, daß das Aquarienwasser je nach Besatz in kürzeren oder längeren Zeiträumen Veränderungen unterliegt, die einen Wasserwechsel notwendig machen. Das hat zweierlei Gründe. Einmal entnehmen die Tiere dem Wasser Mineralstoffe, zum anderen geben sie ihre Stoffwechselendprodukte, Kot und Urin, in das Wasser ab. Diese gelösten Verdauungsrückstände führen bei wachsender Konzentration zu einer Verlangsamung der Wachstumsleistung, bei allen Arten aber zur Beeinträchtigung des Wohlbefindens. Die sich am Boden anhäufenden Kotmengen, meist als Mulm bezeichnet, fallen gewöhnlich auf und werden auch entfernt, ohne daß der notwendige Wasserwechsel vorgenommen wird. Es genügt meist, etwa 5 l Aquarienwasser abzuziehen, um den Mulm einer Woche zu entfernen. Unabhängig von der Beckengröße sind aber diese 5 l Aquarienwasser nicht ausreichend, um gleichzeitig die im gesamten Aquarienwasser vorhandenen gelösten Eiweißabbaustoffe ebenfalls zu beseitigen. Gewöhnlich wird darauf verwiesen, daß ja die im Aquarium vorhandenen Pflanzen ausreichen, um diese gelösten Verdauungsrückstände aus dem Wasser zu entfernen. Das stimmt aber nicht! Auch das bestbepflanzte Aquarium vermag nicht, einen derartigen leistungsfähigen biologischen Stoffkreislauf zu entwickeln, weil die Tätigkeit der Mikroorganismen bei der Umsetzung des organischen Abfalls zu gering eingeschätzt werden muß, um Pflanzendünger zu entwickeln.

Daher ist es notwendig, das mit Abbaustoffen angereicherte Aquarienwasser in möglichst regelmäßigen Abständen gegen frisches, temperiertes Leitungswasser auszuwechseln. Davor bewahrt uns auch der beste Filter nicht, da er nur die mechanischen Verschmutzungen beseitigt und speichert. Auch dem Pflanzenwuchs ist ein häufiger Wasserwechsel äußerst förderlich. Wir ergänzen damit den Mineralstoffvorrat, der durch das Pflanzenwachstum ständig abgebaut wird. Also ist es logisch, daß wir nicht trotz reichlicher Bepflanzung das Wasser wechseln müssen, sondern daß gerade reichlicher Pflanzenwuchs zu seiner Erhaltung des häufigen Wasserwechsels bedarf.

Für das durchschnittliche Gesellschaftsbecken genügt ein Teilwasserwechsel pro Woche (Faustregel: ein Drittel alten Wassers durch Frischwasser ersetzen), stärker besetzte Becken erfordern vielleicht schon einen Wasserwechsel aller drei Tage, dagegen ist in sehr stark besetzten Jungfischaufzuchtbecken ein täglicher Wasserwechsel der Entwicklung der Brut äußerst dienlich. Besonders haben sich in letzter Zeit ständig durchflutete Aufzuchtbecken bewährt (Wasserdurchfluß).

Noch einige Hinweise, wie man sich mit einfachen Hilfsmitteln den Wasserwechsel erleichtern kann. Nicht alle Fische sind so scheu, daß sie beim Einsenken des Abzugsschlauches die Flucht ergreifen. Man versieht daher das in das Aquarium einzutauchende Ende des Abzugsschlauches vorsichtshalber mit einem Siebkopf, den man sich aus handelsüblichen Haushalts-Plasttrichtern, möglichst mit eingepaßtem Siebeinsatz, selbst basteln kann. Wem das Siebgewebe zu feinmaschig ist, der kann es durch das Einkleben einer gröberen Lochfolie ersetzen. Günstig ist der Trichter auch ohne Siebeinsatz, weil man dicht am Bodengrund entlangsaugen kann, wobei nur der Mulm abgehoben wird, während der Kies liegenbleibt.

Jungfische sind oft nur wenige Millimeter lang und werden bei ihrer Kleinheit von der beim Absaugen entstehenden Strömung leicht mitgerissen. Hier ist es zu empfehlen, in einen Schwammabschnitt ein Loch vom Querschnitt des verwendeten Abzugsschlauches zu arbeiten. Dieser teilweise ausgehöhlte Schwamm wird über die im Aquarium befindliche Öffnung des Abzugsschlauches gestülpt. Nun verteilt sich der Sog, ohnehin gedämpft durch den feinporigen Schwamm, in zahlreiche kleine Kanäle mit wesentlich geringerer Sogwirkung, so daß die Jungfische aus dieser Strömung entkommen können und nicht angesaugt werden.

Es empfiehlt sich auch, den oft etwas sperrigen Abzugsschläuchen durch eine anmontierte Wäscheklammer oder einen passend zurechtgebogenen Haken aus steifem Draht einen festen Halt am oberen Aquarienrand zu geben. Man vermeidet so das plötzliche Herunterfallen des Abzugsschlauches und die unangenehme Begleiterscheinung, daß sich Wasserlachen auf dem Fußboden oder auf den Bodenbelägen zeigen.

Zum Einfüllen hat sich am sichersten ein krückstockartig gebogenes Plastrohr bewährt, das fest über dem Aquarienrand liegt. Es muß den Gegebenheiten überlassen bleiben, ob aus Eimern vorbereitetes Wasser zugefüllt wird oder ein Schlauch unmittelbar an Durchlauferhitzer oder ähnliche Geräte angeschlossen wird. Zahlreiche Aquarianer verwenden das frische, lediglich temperierte Wasser direkt aus der Leitung, ohne daß sich nachteilige Folgen für ihre Fische ergeben.

Reinigung Bei regelmäßigem Wasserwechsel, vernünftigem Fischbesatz und gut dosierter Fütterung kann ein Aquarium, auch ohne Filter, mehrere Jahre ohne gründliche Säuberung und Neueinrichtung stehenbleiben. Der einzige Grund für eine neue Einrichtung wäre höchstens, daß man des gewohnten Anblicks müde wurde und sein Aquarium einmal gänzlich anders gestalten möchte.

Gleichgültig, aus welchem Grund eine neue Einrichtung vorgenommen werden soll — es gibt dabei doch eine Reihe von Maßnahmen, die in der richtigen Reihenfolge vonstatten gehen sollten. Zunächst ist es nicht unwesentlich, diese Säuberungsaktion in Übereinstimmung mit den häuslichen Säuberungsarbeiten zu planen, damit nicht etwa die Aquarienreinigung begonnen wird, wenn eine gründliche Reinigung des betreffenden Raumes unmittelbar vorausgegangen ist. Auch bei sorgfältigstem Vorgehen wird der Abbau der alten Einrichtung wie auch der Aufbau der neuen nicht tropfenfrei ausgehen, Gefäße werden herumstehen, Kies wird zu Boden fallen, vielleicht wird auch eine größere Wassermenge verschüttet — planen Sie die Reinigung oder Neueinrichtung Ihres Aquariums grundsätzlich als die erste Reinigungsaktion des betreffenden Raumes. Erfahrungsgemäß werden bei dieser Arbeit auch Korridor und Bad sowie die Küche ebenfalls in Mitleidenschaft gezogen.

Wenn es aber anschließend zu toll aussieht, dann war die ganze Aktion schlecht geplant. Man kann immerhin eine Reihe von Maßnahmen treffen und die Spontanentschlüsse auf ein Mindestmaß reduzieren. Zum Beispiel sollte von vornherein mindestens ein Eimer mehr vorhanden sein als man zu brauchen glaubt. Auch größere Schüsseln werden höchstens zuwenig, keineswegs überflüssig viele bereitgestellt. Sie wollen ja immer gleich die

Pflanzen zur Hand haben, wenn das Becken neu zurechtgemacht wird.

Da wir das neu eingerichtete Becken möglichst ein paar Tage ohne Fischbesatz stehenlassen wollen, wäre es gut, wenn ein spezielles Becken als Übergangslösung dienen könnte. Geht das nicht, so ziehe man soviel wie möglich vom alten Aquarienwasser ab, bevor die ersten Pflanzen gezogen und die ersten Fische herausgefangen werden. (Wobei die Heizung auszuschalten ist!) Läßt man dieses Wasser dann noch durch ein dichtes Tuch laufen, so wird man vom Reinheitsgrad des Aquarienwassers überrascht sein. Dieses Wasser wird sorgfältig aufgehoben, weil es als erstes wieder hinzugegeben wird. Wenn ich sagte, soviel wie möglich, muß deshalb nicht mehr als höchstens ein Drittel gemeint sein. Für die Fische brauchen wir aber auf alle Fälle wiederum einen gesonderten Eimer oder eine große Schüssel, die beide gut abdeckbar sein müssen, damit die Tiere nicht herausspringen.

Ehe wir aber die Fische herausfangen, ziehen wir sorgfältig alle Wasserpflanzen heraus und bündeln sie übersichtlich, indem wir ein Gummiband locker um die Wurzeln schlingen oder das Büschel gleichartiger Pflanzen auf andere Art und Weise daran hindern, in alle Richtungen davonzuschwimmen. Die Pflanzen sollten stets unter Wasser aufbewahrt werden. Will man einen Eimer einsparen, so geht es auch für beschränkte Zeit, daß man die Pflanzen in eine große Plastiktüte einbringt und diese Tüte mit einem Gummi luftdicht verschließt.

Danach entfernt man die Dekoration, d. h. Steine, Wurzeln, Kokosnuß-Schalen usw. Wurzeln sollten grundsätzlich unter Wasser aufbewahrt werden, da sie sonst teilweise austrocknen können und wieder zu schwimmen beginnen.

Nun werden sämtliche technische Gerätschaften herausgenommen, wobei nochmals daran erinnert sei, daß die elektrische Heizung abgeschaltet werden muß, bevor man das erste Wasser abzieht. Nachdem auch die Luftleitung und die Filterrohre abgebaut sind, können wir daran denken, auch die Fische herauszufangen. Das geht jetzt schnell, weil wir viel Platz haben, auf keine Pflanzen Rücksicht nehmen müssen und nirgends mit dem Netz an einem Schlauch hängenbleiben. Denken Sie auch daran, daß die Prozedur möglicherweise doch ein paar Stunden dauert, die Temperatur im Aufbewahrungsgefäß für die Fische darf unterdessen nicht allzu stark absinken. Es ist auch nicht verkehrt, das Aufbewahrungsgefäß während der Fischhälterung zu durchlüften. Die Leitung ist ja frei.

Bevor wir den Kies ausschaufeln, ziehen wir das Wasser soweit wie möglich ab. Wir ersparen uns dadurch unnötige Spritzer beim

Herausnehmen des Bodengrundes. Schließlich ist das gesamte Aquarium leer. Wir haben nun seit langer Zeit erstmals wieder die Möglichkeit, die Kittkanten von innen zu betrachten. Liegt der Kitt noch einwandfrei an, ohne daß Luftblasen oder schwarze Stellen sichtbar sind, so kann man nach der entsprechenden Säuberung des Aquariums ohne Bedenken wieder an die Einrichtung gehen. Stellen wir aber solche Schadstellen fest, vielleicht sogar an mehreren Stellen, dann werden wir um eine neue Verkittung nicht herumkommen. Schließlich soll unser Aquarium ja wieder ein paar Jahre stehenbleiben können, ohne daß wir vorsichtshalber einen Eimer darunterstellen müssen. Nehmen Sie Luftblasen oder schwarze Stellen im Kitt sehr ernst! Immerhin bewegen Sie das leere Aquarium beim Reinigen, der abdichtende Druck auf die Scheiben gegen den Kitt fehlt während dieser Zeit, und so könnte es passieren, daß das Aquarium nach der neuen Dekoration läuft. Sie müßten dann noch einmal anfangen und alles abbauen, um es schließlich doch zum Glaser zu tragen oder es selbst neu zu verkitten. Ist das Aquarium unter 60 cm lang und etwa 40 cm maximal hoch, denke ich schon, daß Sie das schaffen. Bei Abmessungen, die über den angegebenen Werten liegen, lassen Sie sich lieber von einem in diesen Dingen erfahrenen Aquarianer helfen, oder Sie bringen Ihr Becken zum Fachmann. Das neue Verkitten ist dabei eigentlich die geringste Arbeit. Viel zeitraubender, mühseliger und schwieriger ist es aber, ein längere Zeit stehengebliebenes Aquarium ohne Scheibenbruch auszuglasen. Erschrecken Sie daher nicht, wenn Sie für diese Arbeiten eine Rechnung erhalten, deren Höhe nur wenig unter dem Neupreis eines entsprechenden Aquariums liegt. Ob es sich lohnt, einen alten Aquarienrahmen neu zu verkitten, entscheiden Sie nach dem Zustand der oberen inneren Rahmenkante. Ist dieser Winkel bereits durch mehrfaches Rostabblättern schon sehr dünn geworden, so entschließen Sie sich richtig, wenn Sie sich gleich ein neues Aquarium besorgen.

Da die Untersuchung des Kittzustandes erst möglich ist, wenn Sie Ihr Aquarium ausgeräumt haben, kann die notwendige Renovierung bzw. der Kauf eines neuen Aquariums Ihren Zeitplan völlig durcheinanderbringen. Im allgemeinen gilt aber, daß eine ordentliche Verkittung mindestens fünf Jahre, meistens aber wesentlich länger hält. Da Sie den Zustand der oberen Rahmenkante schon beim eingerichteten Aquarium einschätzen können und wahrscheinlich auch wissen, wann Ihr Aquarium das letzte Mal frisch verkittet wurde, können Sie also die Möglichkeit einer neuen Beschaffung ebenfalls voraussehen. In einem solchen Fall sollte das neue Becken schon bereitstehen, damit der Wechsel reibungslos vonstatten geht.

In den meisten Fällen ist es aber so, daß das Aquarium sofort wieder neu eingerichtet werden kann. Die Reinigung des alten Kieses wird am besten so vorgenommen, daß man ihn portionsweise spült. Bewährt haben sich dabei Behälter mit einem Gaze-Boden, durch den der Schmutz abfließt, so daß das Kieswaschen innerhalb einer halben Stunde erledigt sein kann. Das Spülen in Eimern und Schüsseln mit jeweils notwendigem Abgießen des Schmutzwassers ist neben dem hohen Wasserverbrauch auch wesentlich langwieriger.

Nun ist es gut, wenn ein Pflanzschema vorliegt, so daß nicht erst im Moment des Einpflanzens überlegt werden muß, wie diese oder jene Pflanze wohl wirkt, wenn man sie dahin, dorthin oder vielleicht doch woandershin pflanzt... Ihr Pflanzschema sollte deshalb gut überlegt sein und nicht nur einer Augenblickseingebung entspringen. Die technischen Geräte bringt man vor dem Bepflanzen ein. Erfahrungsgemäß pflanzt es sich am besten bei einem Wasserstand von höchstens 20 cm. Füllen Sie also nicht das Becken auf, bevor Sie nicht sämtliche Pflanzen in der von Ihnen gewünschten Weise angeordnet haben. Dabei sollten kleinbleibende Arten oder Jungpflanzen zuerst, mittelgroße danach und die längsten Pflanzen, deren Blätter im flachen Wasser ja sonst ständig im Wege wären, erst zum Schluß eingebracht werden. Obgleich der Kies gewiß gut gewaschen war, wird Ihr Aquarium zunächst einmal wieder trübe aussehen. Ziehen Sie nun das Wasser an einer gut zugänglichen Stelle soweit wie möglich ab und füllen Sie langsam Frischwasser auf. Wollen Sie noch am gleichen Tag die Fische wieder einsetzen, so verwenden Sie zuerst das reservierte Wasser, das Sie vor dem Einfüllen mit einem Schuß heißen Wassers auf etwa 25 °C Temperatur bringen, setzen Sie dann die Fische ein und verfahren Sie weiter wie bei jedem Wasserwechsel. Jetzt erst, wenn das Becken vollends gefüllt ist, sollte der Heizer wieder eingeschaltet werden

Auch dieses frisch eingerichtete und vorsichtig aufgefüllte Aquarium wird nicht gerade kristallklares Wasser enthalten. Das gibt sich jedoch spätestens am dritten Tag. Notfalls setzen sie einen Schwammfilter ein, der das Wasser in der ersten Nacht klärt.

Es ist verständlich, daß nach der Neueinrichtung das Interesse dem Befinden der Fische gilt. Widerstehen Sie der Verlockung, sich sofort vor das Aquarium zu setzen und nun stundenlang Ihre etwas verstörten Pfleglinge zu betrachten. Sie machen sich bei Ihrer Familie beliebter, wenn Sie die nun nicht mehr benötigten Eimer und Schüsseln spülen, alle Geräte wegräumen und die Spurren Ihrer stundenlangen Tätigkeit restlos beseitigen. Verblüffen Sie Ihre Frau doch einfach einmal so!

Filterung Richtet sich ein Liebhaber ein größeres Schauaquarium von über 200 l ein, so kann man mit Sicherheit damit rechnen, daß er auch einen Filter von beträchtlichem Format einplant. Kleinere Becken dagegen werden oft gerade nur durchlüftet. Das Umgekehrte wäre richtig.

Warum wird gefiltert? Die Antwort fällt leicht: um den Schmutz aus dem Wasser herauszubekommen. So einfach ist das. Nun wird unter Schmutz gewöhnlich das verstanden, was sichtbar am Boden liegt, Exkremente der Fische, Mulm, Futterreste, sich zersetzende Pflanzenteile und ähnliches mehr. Schließlich sind bei reichlichem Besatz mit am Boden wühlenden Arten beträchtliche Mengen von Schwebeteilchen im Wasser, die der Wunschvorstellung vom kristallklaren Wasser nicht entsprechen. Es ist verständlich und richtig, daß im Schaubecken diese Schmutzpartikel stören und beseitigt werden müssen. Nun geben unsere Fische nicht nur Kot ab, sondern sie scheiden auch Stoffwechselendprodukte in flüssiger Form aus, die sich im Wasser lösen. Verlassen wir uns nicht so sehr auf das in diesem Falle so gern strapazierte Wechselverhältnis zwischen Tier und Pflanze, von dem es heißt, daß diese Ausscheidungsprodukte der Fische der ideale organische Dünger für die Wasserpflanzen wäre.

Da kaum ein Liebhaber seine Aquarienverhältnisse exakt biochemisch überprüfen kann, müssen unsere Überlegungen so grundsätzlich wie möglich angestellt und die von uns erkannten Zusammenhänge so pauschal formuliert werden, daß die hier gegebenen Empfehlungen für die Mehrzahl der Fälle zutreffend sind. Es ist dabei durchaus möglich, daß in dem einen oder anderen Aquarium — durch welchen Umstand auch immer bedingt — unterschiedliche Verhältnisse herrschen. Da Fische und Pflanzen dem Aquarienwasser Mineralien entnehmen, während andere ungenutzt darin verbleiben, muß auf alle Fälle diese Entnahme wieder ergänzt werden, weil es sonst zu Mangelerscheinungen kommt. Das können wir durch den regelmäßigen Wasserwechsel tun. Wechseln wir das Wasser nicht, so tritt neben der schädlichen Verarmung des Mineralgehaltes zusätzlich noch eine schädliche Anreicherung des Aquarienwassers mit den Ausscheidungen der Fische ein, wodurch das Wasser wiederum nicht besser wird. Durch das Filtern entziehen wir gewöhnlich dem Wasser nur die schwebenden Schmutzteile. Das heißt aber schließlich, daß uns auch intensives Filtern den Wasserwechsel nicht erspart!

Für die Entfernung der organischen Abbaustoffe wird überall die Aktivkohle empfohlen. Tatsächlich ist Aktivkohle fähig, organische Abbausubstanzen aufzufangen und unschädlich zu machen. Die Frage ist nur, wie lange sie das kann. Jedes dieser Kohlekörnchen ist mit einem feinporigen Röhrensystem versehen, das die Oberflächenwirkung enorm erhöht. Nach kurzer Zeit, oft schon nach wenigen Stunden, sind diese Poren verstopft, und der Aktivkohlefilter hat die gleiche Wirksamkeit wie ein mittelkörniger Kiesfilter. Nun ist Aktivkohle nicht billig, dagegen beschränkt sich die Wirkung eines richtig durchfluteten Kiesfilters keinesfalls auf die mechanische Entfernung grober und feiner Partikelchen. Die vielen Zwischenräume eines Kiesfilters beherbergen nach kurzer Laufzeit eine erhebliche Menge von einzelligen Lebewesen, die einen Teil der unerwünschten organischen Abbauprodukte verarbeiten und das Wasser damit auch biologisch klären. Wer ganz sicher gehen will, baut einen Mehrkammerfilter auf, klärt das Wasser erst mechanisch durch einen Kiesfilter und läßt dann in einer weiteren Kammer das praktisch schwebstofffreie Wasser über Aktivkohle laufen. Mitunter arbeitet dann die Aktivkohle so gründlich, daß für die Pflanzen nicht einmal der notwendige Dünger bleibt, und der Pflanzenwuchs stagniert. Aktivkohle ist wirklich nur sinnvoll einsetzbar, wenn es gilt, Wasser für besonders empfindliche Jungfische gründlich zu reinigen oder desinfizierende Farbstoffe aus dem Wasser zu entfernen. Dazu wurde sie einst auch in die Aquaristik eingeführt. Für große Schauaquarien mit oftmals dichtem Fischbesatz ist sie, wie bewiesen wurde, völlig unzweckmäßig.

Zur sinnlosen Spielerei wird ein Filter aber dann, wenn außer Sand und Aktivkohle auch noch Torf beigefügt wird, weil man irgendwo gelesen oder gehört hat, daß Torf biologisch günstig wirkende Substanzen an das Wasser abgibt. Falls man wirklich Torf erhalten hat, der diese günstige Einwirkung auf das Aquarienwasser aufweist, so ist sie auf organische Substanzen zurückzuführen, die mit der Aktivkohleschicht im gleichen Filter schon wieder beseitigt wird. Übrig bleibt also der Kies als Ansatzfläche für organische Substanzen abbauende Mikroorganismen. Daß Kiesfilter gut arbeiten, braucht hier nicht bewiesen zu werden, weil alle noch so gut gemeinten Zusätze früher oder später nur die gleiche Wirkung haben, nämlich mechanische Filterung mit nebenher schwer meßbarem Abbau der organischen Substanzen. Auch intensives ausgeklügeltes Filtern erspart uns nicht den Wasserwechsel!

Nun wird gelegentlich aus räumlichen Gründen ein Innenfilter notwendig, weil das Aquarium eingebaut wurde und kein Platz für ein größeres, schnell bedienbares Filtergefäß geblieben ist. Gegen den Innenfilter spricht nichts, wenn er nur häufig genug gesäubert und an leicht erreichbarer Stelle im Aquarium angebracht wird. Alle Innenfilter im Bodengrund sind zu verwerfen, da ihre Auswechslung meist nur unter erheblicher Einwirkung auf das Dekorationsgefüge möglich wäre und daher irgendwann unterbleibt.

Strenggenommen verleitet der Filter den Aquarianer dazu, aus Zeitgründen auch einmal auf den eigentlich notwendigen Wasserwechsel zu verzichten, und das gleichmäßige Sprudeln aus dem Rücklaufrohr schläfert das schlechte Gewissen so überzeugend ein, daß der Wasserwechsel wieder und wieder verschoben wird. Ein Filter ist nur dann sinnvoll, wenn er ständig läuft, regelmäßig gesäubert wird und nicht als Ersatz für den Teilwasserwechsel gilt.

Vielfach herrscht auch die Unsitte, den Filter nur aller paar Tage für wenige Stunden arbeiten zu lassen, weil vielleicht das Brummen der Pumpe als störend empfunden wird. Sobald der Wasserstrom im Filter zum Stillstand kommt, tritt Sauerstoffarmut ein, die an Sauerstoff gebundenen Mikroorganismen sterben ab, und es machen sich Fäulnisbewohner breit, die ihren Energiebedarf auch ohne Sauerstoff decken können. So haben diese Fäulnisbewohner stunden- bzw. tagelang Zeit, sich zu vermehren, der Filter »verjaucht« indessen. Wenn eines Tages nun dieser Filter wieder in Tätigkeit gesetzt wird, ergießt sich die inzwischen oft stinkende Brühe in das Aquarium und verteilt sich dort gleichmäßig. Hier wird die Filterabsicht geradezu ins Gegenteil verkehrt. Statt aus dem Aquarium Schmutzstoffe herauszuziehen, pumpt ein nur zeitweise laufender Filter, falls er in der Stillstandsphase nicht gesäubert wurde, große Mengen von Schmutz in das Aquarium. Deshalb: Muß der Filter schon einmal abgestellt werden, so sollte er unverzüglich gesäubert und dann wieder angeschlossen werden.

Damit ich richtig verstanden werde — der Wert richtiger Torffilterung, um z. B. Fischen aus einem entsprechenden Lebensraum die von ihnen benötigten Lebensverhältnisse zu bieten oder gar deren Zucht möglich zu machen, wird von mir in keiner Weise angezweifelt und bestritten. Die Mehrzahl der Aquarianer entnimmt der Literatur oft sehr unkritisch Hinweise, die dem Spezialfall gelten, und im Bemühen, den Fischen im Aquarium als Lebensraum das Beste zu bieten, geben manche viel Geld aus und heben dabei oft eine Wirkung durch eine andere wieder auf.

Für die Hälterung der Fische und Pflanzen des üblichen Handelssortiments und für die Zucht des weitaus größten Teils dieser Arten genügen mechanische Filter vollauf, wenn sie für ihre Aufgabe arbeitsfähig gehalten werden. Da der Verschmutzungsgrad von vielen Faktoren abhängig ist, können hier keine Rezepte für die Häufigkeit der notwendigen Filterreinigung gegeben werden. Im allgemeinen dürfte es richtig sein, die Filtermasse einmal in der Woche, im Zusammenhang mit dem notwendigen Wasserwechsel, zu reinigen, in Sonderfällen erlernt auch der Anfänger schnell, wann der Filter überfordert ist.

Die im Handel befindlichen Schwamm-Innenfilter sind ausgezeichnete, wenn auch meist zu klein dimensionierte Schmutzsammler, von denen man im Bedarfsfall mehrere einbringen muß, um ein großes Aquarium sauberzuhalten. Beim Herausnehmen zur Reinigung empfiehlt es sich, noch im Aquarium eine Schüssel unter den verschmutzten Filter zu halten, damit die Schmutzteile nicht mit dem ausfließenden Wasser wieder in das Becken gelangen. Diese Schwammfilter sind auch etwa nach einer Woche in ihrer Aufnahmefähigkeit erschöpft. Sie lassen sich unter der Wasserleitung durch kräftiges Ausdrücken sehr leicht reinigen.

Wasserpflanzenpflege Im Gegensatz zu den Fischen, die allein schon durch die Fütterung täglich einige Pflegeansprüche stellen, brauchen wir dem Pflanzenwuchs nur von Zeit zu Zeit unsere Aufmerksamkeit zuzuwenden. Natürlich wird uns auffallen, wenn eine neuerworbene Pflanze nicht so recht gedeihen will, und wir werden ihren Standort verändern oder eine sehr stark darüberwuchernde Pflanze etwas einkürzen. Aber im allgemeinen genügt es, wenn wir Korrekturen einmal in der Woche gelegentlich des Wasserwechsels vornehmen. Je weniger die Pflanzen behandelt werden müssen, desto besser ist es für sie. Aber es gibt eine Reihe von Stengelpflanzen, die im oberen Drittel des Aquariums geradezu plötzlich zur Oberfläche wachsen und sogar versuchen, aus dem Wasser herauszukommen. Das entspricht ihrer natürlichen Wachstumsweise, denn solche Arten erleben in ihrer Heimat Niedrigwasserstände, ja Zeiten, in denen sie als Sumpfpflanzen wachsen. In dieser Zeit blühen sie und, falls das unter unseren Bedingungen möglich ist, beobachten wir das auch. Man kürzt solche Pflanzen dann etwa 3 cm über dem Bodengrund und setzt den zu lang werdenden Stengel z. B. unmittelbar neben das übriggebliebene Stengelstück. Aus den Blattachseln des stehengebliebenen Stengelteils sprossen nun bald mehrere kleine Seitentriebe, die zusammen mit dem abgekniffenen und wieder eingesteckten langen Stengelteil eine Gruppe ergeben. Solche Gruppen wirken ohnehin dekorativer als einzeln stehende Stengelpflanzen. Man kann auf diese Art und Weise durch ständiges Zurückkneifen regelrechte Büsche erzielen, die z. B. die hinteren Beckenecken völlig verdecken können. Auch Heizer, Luftzufuhrrohre und sonstige technische Einrichtungen lassen sich so am besten verbergen. Wie gesagt, das muß man nicht jeden zweiten Tag tun, sondern höchstens einmal in der Woche.

Pflanzen, die sich durch Ausläufer vermehren, haben oft die unangenehme Eigenschaft, ihre Jungpflanzen nicht in die von uns gewünschte Richtung zu entsenden. Wir lassen dann eine solche Jungpflanze erst einmal Wurzeln treiben und heften sie, wenn sie noch an der Mutterpflanze hängt, mit einer gebogenen Glasnadel so am Bodengrund an, daß sie in der gewünschten Weise weiterwächst.

Rosettenpflanzen bilden ständig vom Vegetationspunkt, aus der Mitte heraus, neue Blätter. Wir werden bald feststellen, daß die ältesten, außen- und untensitzenden Blätter gelb und unansehnlich werden. Sie lassen sich dann meist auch leicht entfernen, und wir sollten das tun, falls wir nicht Fischarten pflegen, die mit solchen Resten fertigwerden.

Sie werden eins feststellen: Je länger Sie Ihr Aquarium haben, desto seltener werden Sie Ihren Pflanzenwuchs korrigieren müssen und um so weniger Handgriffe benötigen Sie dazu. Gelegentlich ist von Düngergaben für die Aquarienpflanzen die Rede. Hier scheiden sich die Geister. Während eine Reihe von Aquarianern der Auffassung ist, daß der sich im Laufe der Zeit ansammelnde Mulm für die Düngung der Pflanzen ausreicht (meist gibt es mehr Mulm, als die Pflanzen verarbeiten können), empfiehlt ein anderer Teil, von Zeit zu Zeit kleine Lehmkügelchen in die Nähe besonders kräftiger Pfllanzen zu schieben, um deren großen Wuchs zu erhalten. Man umschließt dann den trockenen Lehmklumpen fest mit der Faust, dringt mit der geschlossenen Faust in den Bodengrund ein und öffnet die Hand erst, wenn man in der Nähe des Wurzelwerks angekommen ist. Man vermeidet so eine größere Wassertrübung.

Der Mineralstoffgehalt des verwendeten Aquarienwassers ist äußerst unterschiedlich. So wird man in weichem Wasser durchaus Erfolge mit der Zusatzdüngung haben, während in mineralreichem Wasser wahrscheinlich schon ein häufiger Wasserwechsel genügt. Da die Lichtverhältnisse, die Bodengrundbedingungen und die Wasserzusammensetzung jeweils völlig unterschiedlich sind, ist hier kein Rezept möglich, sondern jeder Aquarianer muß, mitunter für jedes Becken, das er besitzt, zu anderen Verfahrensweisen kommen.

Ausgesprochene Pflanzenkrankheiten kennen wir bei Aquarienpflanzen nicht. Die mitunter bei Cryptocorynen auftretende Blattfäulnis, landläufig als »Cryptocorynen-Krankheit« bezeichnet und gefürchtet, ist keine Krankheit im Sinne einer Infektion, sondern eine Folge von Hälterungsfehlern. Plötzlicher Wasserwechsel nach langem Stagnieren des Wassers, Beleuchtungsveränderungen, starke Temperaturstürze und andere meist kurzfristig einsetzende, biologisch wirkende Änderungen des Gesamthaushalts haben den Blattzerfall zur Folge. Übrigens bleiben auch nach dem völligen Verschwinden des Blattwerks die Rhizome der Cryptocorynen erhalten und treiben neu aus, sobald sich die Verhältnisse wieder zu ihren Gunsten geändert haben.

Pflegegeräte Die Pflege von einem oder mehreren Aquarien erfordert gewisses Handwerkszeug; wir wollen hier anführen, was zur Grundausstattung gehört.

Das sind zunächst mehrere Netze verschiedener Größe und Maschenweite. Je dichter ein Aquarium bepflanzt ist, desto schwerer ist es bekanntlich, einen bestimmten Fisch herauszufangen. Es ist nicht gut, den betreffenden Fisch mit einem Kescher minutenlang zu treiben, vielmehr lassen sich auch die schnellsten Fische leicht fangen, wenn man einen größeren Kescher ruhig hält und mit einem kleineren das Tier auf diesen größeren zutreibt, den Fisch also in das größere Netz hineinfliehen läßt. Das tut der Fisch aber nur, wenn das größere Netz nicht bewegt wird.

Ein weiteres Netz mit möglichst kleiner Maschenweite verwenden wir als Futternetz. Damit wird nur das in Wannen oder Schüsseln aufbewahrte Futter entnommen und ins Aquarium ausgeleert. Zum Fangen von Fischen eignet sich dieses Netz wegen seiner geringen Wasserdurchlässigkeit ohnehin schlecht. Höchstens Jungfische kann man auf diese Art abschöpfen.

Ein weiteres Pflegegerät ist der Scheibenreiniger, der für die Aufnahme einer Rasierklinge gearbeitet ist und dazu dienen soll, die Algenbeläge von den Scheiben abzuschaben. Es wird empfohlen, statt der Rasierklinge lieber flache Filzscheibchen einzuschrauben, die etwa 2 mm überstehen sollen. Nur für hartnäckig festsitzende Algen sollten Rasierklingen Verwendung finden. Man zerkratzt sonst zu leicht die Sichtscheibe.

Für das Absaugen des Mulms empfiehlt sich ein Plastik-Haushalttrichter mit Siebeinsatz, der nach Bedarf, z. B. in Jungfischbecken, verwendet werden kann. Diesen Trichter verbindet man mit einem Schlauch, und man besitzt so eine ausgezeichnet arbeitende Mulmglocke. Man kann diesen Trichter direkt auf den groben Kies setzen, den Wasserstrom ansaugen und in einen Eimer leiten. Dabei wird der Mulm zwischen den Kieselsteinen hochgezogen, während der Kies liegenbleibt.

Ein unentbehrliches Hilfsmittel wird schließlich auch eine etwa drei- bis fünffach vergrößernde Lupe, mit der man das Futter, den Laich oder auftretende Beläge bei den Fischen deutlicher betrachten kann. Zum Beispiel ist von Interesse, ob Jungfische das gereichte Futter auch fressen. Mit bloßem Auge sieht man sie zwar schnappen, weil das bei den kleinen Tieren mit erheblichen Körperanstrengungen verbunden ist. Oft jedoch kann man nur mit einer Lupe erkennen, ob der Jungfisch das Futter auch schluckt oder wieder ausspeit.

Wer Jungfische aufzuziehen hat, wird auf die Dauer nicht ohne eine Vorrichtung zum Sieben verschiedener Futtergrößen auskommen. Die primitivste Form sind mehrere übereinandergestellte Netze, durch die man das Futter gießt und durch Nachspülen eine größenspezifische Verteilung erreicht. Praktischer sind übereinanderstellbare Siebsätze, deren Gewebe von oben nach unten immer dichter werden. Man kann sich solche Siebsätze selbst basteln, indem man viereckige oder runde Rahmen aus Kunststoff herstellt und das gewünschte Gewebe mit entsprechender Maschenweite einklebt. Es ist vorteilhaft, jedes Sieb im oberen Drittel anzubohren, damit die sich stauende Luft entweicht.

Schließlich sammeln sich im Laufe der Zeit Gläser mit und ohne Deckel sowie Gefäße aller Arten und Größen, Flaschen, Glasrohre, Schlauchstücken, Schlauchklemmen, Pflanzennadeln, Ausströmersteine und verschiedene andere Ersatzteile und Hilfsmittel an. Es dauert gar nicht lange, und schon hat man das schönste Durcheinander. Um dem zu entgehen, beschafft man sich eine mittelgroße, vielfach gekammerte Werkzeugkiste, in der man eine Menge solcher Materialien unterbringt. Bevor man den Ankauf einer zweiten solchen Kiste überlegt, empfiehlt es sich, gründlich zu prüfen, welche der vorhandenen Teile entbehrlich sind und weggeworfen werden könnten. Verlassen Sie sich darauf, ein jahrelang nutzlos herumliegendes Teilchen brauchen Sie garantiert ein paar Tage, nachdem Sie es weggeworfen haben . . .

Wenn es irgend möglich ist, sollten ein oder zwei Eimer ausschließlich für die Benutzung im Zusammenhang mit dem Aquarium reserviert bleiben. Es kommt doch im Haushalt immer wieder vor, daß mit Lösungsmitteln gearbeitet wird, von denen bereits Spuren in den entsprechenden Gefäßen genügen, um Fische schwer zu schädigen. Die in verschiedenen Farben angebotenen Plasteimer ermöglichen es, unverwechselbar stets die gleichen Eimer zur Verfügung zu haben.

Fischkrankheiten und ihre Bekämpfung Zu diesem Thema gibt es ein nahezu 400 Seiten umfassendes Standardwerk, so daß es vermessen wäre, hier Hinweise von nicht zutreffender Allgemeingültigkeit zu geben. Lediglich zu der am häufigsten nach dem Erwerb neuer Fische auftretenden Erkrankung, die sich in Form von zahlreichen weißen Pünktchen, meist auf den Flossen beginnend, zu erkennen gibt, sollen hier einige Worte gesagt werden.

Ichthyophthirius multifiliis heißt der Erreger dieser Erkrankung, bei den Aquarianern kurz »Ichthy« genannt. Es empfiehlt sich, neu gekaufte Fische in einem kleineren Aquarium etwa eine Woche lang zu beobachten, ehe man sie dem Gesellschaftsbecken zusetzt. Gewöhnlich bricht diese Krankheit am dritten Tag nach der Milieuveränderung aus, so daß man in einem solchen Falle die Behandlung leichter im kleinen Aquarium durchführen kann und erst danach die geheilten Fische in das Gesellschaftsbecken bringt. Man sollte immer mit der Möglichkeit einer solchen Erkrankung rechnen, auch wenn die neugekauften Tiere keinerlei Anzeichen erkennen lassen. Im Wasser können sich Schwärmer des Erregers befinden, ohne daß bisher eine Infektion erfolgt ist. Im Handel ist ein ausgezeichnet wirkendes Präparat auf der Basis von Malachitgrün zu haben, das innerhalb von spätestens vier Tagen den Erreger vernichtet.

Ganz Vorsichtige können nach vorübergehender Frischwassergabe die Behandlung noch einmal wiederholen, um ganz sicher zu gehen. Aber selbst wenn im Gesellschaftsbecken der Erreger auftreten sollte, ist mit diesem Präparat, der Literzahl entsprechend dosiert, keinerlei schädigende Wirkung auf die Wasserpflanzen zu beobachten, wie es in der Vergangenheit mit anderen Heilmitteln geschehen konnte.

Erwarten Sie nicht, daß Ihr Zoohändler nach Ihrer Beschreibung irgendeiner Erkrankung sofort in der Lage ist, diese mit dem exakten wissenschaftlichen Namen zu benennen und Ihnen gleich ein Präparat zur Bekämpfung in die Hand gibt. Sehr viele Fischkrankheiten, die aber nicht so häufig sind, daß Sie von der Anschaffung eines Aquariums Abstand nehmen müssen, sind erst nach eingehender mikroskopischer Untersuchung der Haut oder des befallenen Organs mit Sicherheit zu bestimmen. Vergessen wir auch nicht, daß durch Fischimporte stets für uns neue Krankheitserreger zu uns gelangen können.

Zur Verhütung ausbrechender Fischkrankheiten sei noch soviel gesagt, daß die Erreger in der Regel nur dann wirksam werden können, wenn der Fischorganismus eine Schwächeperiode überstehen mußte und in seiner Abwehrbereitschaft beeinträchtigt ist. So banal es scheinen mag: Gesunde Fische werden nicht krank! Halten Sie Ihre Fische unter Bedingungen, die ihnen zuträglich sind, so machen Sie es Krankheitserregern schwer, eine Angriffsfläche zu finden.

Algen und ihre Bekämpfung Die in dieser Broschüre mehrfach propagierte höhere Beleuchtungsintensität weckt bei manchem Aquarianer die Furcht, seine Aquarien könnten hoffnungslos veralgen. Tatsächlich kommt es ja vor, daß eine bestimmte der -zigtausend Algenarten sich besonders entwickelt und den gesamten Pflanzenwuchs beeinträchtigt.

Selbst Experten auf dem Gebiet der Wasserpflanzenpflege haben nicht immer die gleiche Meinung, wenn sie über ihre Erfahrungen bei der Bekämpfung von Algen diskutieren. Das liegt daran, daß sie ihre Erfahrungen unter jeweils anderen spezifischen Bedingungen gemacht haben als ihre Diskussionspartner. Grundsätzlich zeigen Algen immer an, was mit dem biologischen Haushalt eines Aquariums stimmt oder nicht stimmt. So lästig grüne Algen an der Frontscheibe auch sind, weil man sie immer wieder entfernen muß, so geben sie doch fast ausnahmslos Auskunft über eine im Sinne unserer Fische einwandfreie chemisch-biologische Beschaffenheit des Aquarienwassers. Das Auftreten bräunlicher Kieselalgen ist vor allem ein Zeichen von Lichtmangel. Die berüchtigten Blaualgen dagegen scheinen besonders gut bei intensivem Licht zu gedeihen. Das ist jedoch nicht die einzige Voraussetzung! Diese Algen benötigen gleichzeitig ein hohes Maß gelöster organischer Substanzen. Das läßt möglicherweise darauf schließen, daß in dem betreffenden Becken, gemessen am Besatz und der verarbeiteten Nahrung, das Wasser zu wenig gewechselt worden ist.

Bei jeder Algenbekämpfung gibt es zwei Methoden: entweder den Entzug eines lebenswichtigen Elements oder das ungehemmte Wachsenlassen ohne Frischwasserzugabe, bis die verbrauchte Nährstoffbasis für die inzwischen herangewachsenen Algenmassen zu gering geworden ist. Dann bricht nämlich die Algenkultur zusammen. Es ist eine alte Erfahrung, daß in Becken, in denen schon einmal eine Algenpopulation zusammengebrochen ist, zumindest diese Algenart keine Spontanbildungen mehr erlebt. Diese zweite Methode kann außerordentlich langwierig sein und sich über mehr als ein Vierteljahr hinziehen. Während dieser Zeit sieht das Schaubecken nicht immer sehr gepflegt aus. Vor allem vermeide man in dieser Zeit jegliche Frischwasserzugabe. Mit ihr kämen ja neue Mineralien ins Wasser, wodurch die Algen eine Neubelebung ihrer Wuchsfreudigkeit erfahren würden. Die Neueinrichtung des Aquariums hilft gewöhnlich nicht, da kein Aquarium so gründlich gesäubert werden kann, daß nicht einige Schwärmer übrigbleiben. Auch das kleinste Partikelchen von Algengewebe ist innerhalb kürzester Zeit wieder in der Lage, das gesamte Becken zu überziehen, wenn die Nahrungsvoraussetzungen und die Beleuchtungsintensität ausreichen. Außerdem bekommt man die Pflanzen niemals so sauber, um das erneute Einschleppen von Algen völlig ausschließen zu können. Am empfindlichsten reagieren die Algen auf Lichtentzug. Wir müssen allerdings in Kauf nehmen, daß unsere Wasserpflanzen bei der Dunkelstellung des gesamten Aquariums ebenfalls unter Lichtmangel leiden. Die meisten Arten jedoch treiben nach dem Zusammenbruch der Algen wieder befriedigend neu aus.

Nur der ausreichend chemisch Vorgebildete sollte darangehen,

Algen mit Hilfe von Präparaten zu bekämpfen. Häufig sind unerwartete Nebenwirkungen auf den Fischbesatz die Folge. Der biologische Haushalt eines Aquariums erreicht ein Kräftegleichgewicht erst im Laufe der Zeit bei ausreichend vorhandenen Mikroorganismen, die insbesondere den Abbau der organischen Abfallsubstanzen vollziehen. Wir sollten deshalb auch bei starkem Algenbefall keine radikal, innerhalb weniger Stunden wirkenden chemischen Veränderungen des Aquarienmilieus herbeiführen, sondern vielmehr darauf sehen, daß der langsam in Unordnung geratene biologische Stoffkreislauf, mit dem offenbar doch die befallenden Algen sehr gut zurechtkommen, ebenfalls langsam wieder in den Normalzustand zurückgeführt wird. Es ist z. B. interessant, daß bei intensivem Wasserdurchfluß Algenbildungen in größerem Maße erst gar nicht zu beobachten sind. Dort findet ja auch keine Überdüngung statt, die offenbar eine der wesentlichsten Voraussetzungen für lästigen Algenbewuchs darstellt. Überdüngung kann man durch häufigen Wasserwechsel abfangen; schränken wir gleichzeitig die Lichtintensität so stark ein, daß gerade bei Massenentwicklung einer bestimmten Algenart das Minimum an notwendigem Licht nicht mehr gesichert ist, so bricht die Population zusammen. *Das* muß unser Ziel sein! Auch wenn es mitunter lange Zeit erfordert, sind biologisch korrigierte Aquarien immer algensicherer als Becken, in denen mit Präparaten kurzfristige Zusammenbrüche bezweckt werden.

Der größte Unsicherheitsfaktor für die erfolgreiche Algenbekämpfung ist die zwar verständliche, aber dem Ziel entgegenstehende Ungeduld des Aquarianers. Wer auch nur einen Tag zu früh das Licht wieder einschaltet oder den Wasserwechsel vornimmt, muß eventuell noch einmal ebensolange warten! Es ist schon besser, wenn man besonders wertvolle Fische und Pflanzen einem solchen algenbefallenen Aquarium entnimmt und woanders einsetzt. Das ist übrigens ziemlich gefahrlos, denn erfahrungsgemäß sind Algen nicht übertragbar. Interessant ist die Tatsache, daß sich insbesondere Lebendgebärende Zahnkarpfen mit ausgesprochener Vorliebe über Algenbeläge hermachen, die in einem anderen Aquarium entstanden sind, während die im gleichen Aquarium heranwachsenden Algen der gleichen Art nur Beachtung finden, wenn einmal ein paar Tage nicht gefüttert wird. Schon deshalb haben Algenbeläge auf Pflanzen, die man in ein unveralgtes Aquarium bringt, keine Überlebenschance, weil sie sofort von nahrungssuchenden Lebendgebärenden Zahnkarpfen, aber auch von Barben und Malawi-Cichliden recht gierig gefressen werden. Dagegen ist man oft enttäuscht von den als Algenfresser angepriesenen Saugschmerlen, *Gyrinocheilus aymonieri*. Die Jungtiere bis zu einer

Länge von etwa 8 cm sind tatsächlich sehr eifrig und halten ein Aquarium algenfrei. Später werden sie jedoch ausgesprochen putzfaul und ernähren sich vorwiegend von zu Boden gefallenen Futterresten und halb zersetztem Pflanzenmaterial. Praktisch müßte man also aller Vierteljahre eine neue Saugschmerle kaufen. Unter den Lebendgebärenden Zahnkarpfen sind die Mollies und die Papageienkärpflinge sowie die seltener im Handel erhältlichen *Poecilia*-Arten die besten Algenvertilger. Ihr Nachteil besteht darin, daß sie nicht alle Algen gleichermaßen verzehren, sondern sich nur bestimmte Arten aussuchen. Leider sind die gefürchteten Blaualgen niemals dabei.

Auch Apfelschnecken sind auf die Dauer keine Patentlösung zur Algenbekämpfung. Zwar vertilgen diese Tiere enorme Algenmengen, jedoch scheiden sie auch entsprechende Kotmengen aus, die ihrerseits einen verstärkten Wasserwechsel erforderlich machen. Geschieht das aber nicht im erforderlichen Maße und steht reichlich Licht zur Verfügung, so gedeihen in diesem organisch stark verschmutzten Wasser gerade die Blaualgen weiter.

Alles in allem ist es daher besser, einmal in den sauren Apfel zu beißen und die Algen durch Lichtentzug und durch die Massenentwicklung bedingte einseitige Nährstoffverarmung bei während dieser Zeit bewußt unterlassenem Wasserwechsel zum Zusammenbruch zu bringen, auch wenn es mehrere Wochen dauert. Der Ärger mit den ständig wiederkehrenden Algen dauert in jedem Falle länger!

Wochenende Mancher hätte sich schon gern ein Aquarium aufgebaut, aber neben anderen Bedenken spielte wohl auch eine Rolle, daß man dann ja örtlich gebunden sei und zum Wochenende nicht wegfahren könne. Nun heißt »zum Wochenende wegfahren« ja heute, von Freitagabend bis Sonntagnacht nicht zu Hause sein. Und es erhebt sich die Frage, ob man ein Aquarium so lange unbeaufsichtigt und ohne Pflegehandlungen stehenlassen kann. Man kann! Die organisierten Aquarianer sind äußerst tagungsfreudig, solche Treffen finden grundsätzlich an Wochenenden statt, und sie erscheinen dort nicht etwa allein, sondern mit Ehefrau und Kindern, so daß also niemand zu Hause verbleibt, der sich um die Aquarien kümmert. Falls eine Brut schwimmt, deren Futterversorgung unbedingt erforderlich ist, wird ein Fachgruppenfreund gebeten, diese Tiere zu füttern. Aber die großen Fische kann man ruhig einmal ein paar Tage allein lassen.

Nächste Frage: Soll das Licht dann ausgeschaltet werden oder soll man es brennen lassen? Das können Sie während dieser zwei Tage machen, wie Sie denken. Ist Ihr Pflanzenwuchs gut, dann machen auch zwei Tage ohne Beleuchtung den Pflanzen nichts aus. Sind Sie aber mit Ihrem Pflanzenwuchs nicht zufrieden, dann lassen Sie die Beleuchtung während der gesamten Zeit Ihrer Abwesenheit eingeschaltet. Fangen Ihre Pflanzen daraufhin an, größere Blätter zu treiben, so haben Sie den Beweis dafür, daß Ihre Pflanzen zuwenig Licht bekommen, denn in gewissen Grenzen lassen sich Lichtintensität und Beleuchtungsdauer ausgleichen. Es ist also nicht notwendig, nur des Lichtabschaltens wegen Nachbarn zu bemühen.

Allerdings müßte berücksichtigt werden, ob die pausenlos eingeschaltete Beleuchtung, z. B. wenn Glühlampen Verwendung finden, zu einer vorher nicht absehbaren stärkeren Erwärmung, besonders bei kleineren Aquarien, führen können. Ein 50-Liter-Becken, das normalerweise in Temperaturbereichen zwischen 25 und 30 °C gehalten wurde, kann sehr schnell die für manche Fischart kritische 30 °C-Grenze überschreiten, wodurch gleichzeitig Sauerstoffmangel eintreten kann. Deshalb genügt es dann, nur eine Glühlampe eingeschaltet zu lassen.

Vor allem, lassen Sie keine aquarienlosen Nachbarn oder Freunde Ihre Fische füttern! Es wird in solchen Fällen meist zuviel gefüttert, und Sie finden möglicherweise ein total mit verdorbenem Trockenfutter oder abgestorbenen Wasserflöhen angefülltes und übelriechendes Aquarium vor.

Aus eigener Erfahrung rate ich noch eins: Nehmen Sie den ursprünglich für das Wochenende geplanten Wasserwechsel schon vor, ehe Sie verreisen — Sie kommen am Montag und am Dienstag ohnehin nicht dazu, und so unterbleibt er schließlich, weil ja bald wieder Sonnabend ist . . .

Falls Sie mit Glühlampen beleuchten, ist vielleicht noch ein Hinweis nötig: Normalerweise brennen die Glühlampen höchstens sechzehn Stunden hintereinander, an einem solchen Wochenende könnten sie über fünfzig Stunden eingeschaltet bleiben. Die damit verbundene Erwärmung des Wassers könnte bei gleichzeitig eingeschaltetem Heizer ein von Ihnen nicht beabsichtigtes Maß erreichen, besonders bei Wasserständen unter 30 cm. Probieren Sie das einmal aus, wenn Sie an einem Wochenende zu Hause bleiben und benutzen Sie dann für solche Zeiten lieber einen etwas schwächeren Heizer.

Filter und Durchlüftung bleiben selbstverständlich weiterhin in Tätigkeit.

Urlaub Sinngemäß trifft das im Abschnitt »Wochenende« Ausgeführte auch für längere Abwesenheit durch Urlaub zu. Natürlich ist es am besten, wenn ein zuverlässiger Fachgruppenfreund oder aquaristisch vorbelasteter Bekannter sich der Fische in der Zeit Ihrer Abwesenheit annimmt, wenigstens aller zwei Tage füttert und die Aquarienbeleuchtung ebenfalls für zwei Tage einschaltet und danach zwei Tage die Aquarien unbeleuchtet läßt. Wer solche Möglichkeiten nicht hat, muß sein Aquarium eben vierzehn Tage oder drei Wochen lang völlig allein lassen. Und das geht. Ich würde Ihnen nicht dazu raten, wenn ich es nicht selbst schon mehrmals so versucht hätte. Eines ist allerdings Voraussetzung, Sie dürfen nur völlig ausgereifte erwachsene Fische in Ihrem Aquarium haben. Junge, noch entwicklungsfähige Tiere können durch eine so lange Futterpause stark geschädigt werden.

Man muß auf so einen langen Urlaub geplant hinarbeiten, indem man die Tiere in den Wochen zuvor sehr gut füttert, den Bestand auf ein Mindestmaß reduziert, damit man Platz hat für mehrere große Guppy- oder Schwertträger-Weibchen, die man für die Zeit der Abwesenheit einsetzt. Deren Jungfische, die während Ihrer Abwesenheit geboren werden, stellen immerhin etwas Freßbares für die übrigen Aquarienfische dar, und von zehn Guppy-Weibchen setzen während Ihrer Abwesenheit mindestens acht ihre Jungen ab, wenn Sie dem Trächtigkeitsgrad entsprechend wählen.

Hüten Sie sich aber davor, am Tag Ihrer Abreise ganz besonders stark zu füttern. Es könnte dann sein, daß Ihre satten Fische das von Ihnen als Vorrat vorgesehene Futter nur totbeißen und nicht fressen, so daß schon am nächsten Tag gewaltige Fäulnisprozesse einsetzen, die das Wasser gleich am Anfang gründlich verschmutzen.

Schalten Sie für alle Fälle den Heizer aus oder, falls Sie im Winter verreisen, wählen Sie einen schwächeren, damit die Temperatur an der unteren Verträglichkeitsgrenze gehalten wird. In solchen Fällen ist das Futterbedürfnis der Fische am geringsten, und sie erleiden infolgedessen den wenigsten Substanzverlust. Bei hohen Temperaturen hungern die Tiere dagegen sehr stark. Ein stärkerer Heizer ist nur dann nötig, wenn durch den gleichzeitigen Ausfall der Wohnungsheizung ein starkes Absinken der Raumtemperatur zu erwarten ist.

Filter und Durchlüftung bleiben selbstverständlich in Tätigkeit. Dagegen stellt uns die Beleuchtung wegen der Lichtabhängigkeit der Pflanzen vor das größte Problem. Falls Sie keine Schaltuhr besitzen, die ohnehin automatisch die Beleuchtungszeiten regelt, müssen Sie sich entscheiden, ob Sie für die gesamte Zeit das Licht abschalten oder die Beleuchtungsintensität reduzieren, z. B. nur eine von drei Lichtquellen eingeschaltet lassen, dafür aber pausenlos beleuchten. Fest steht, daß die meisten Pflanzen beide Varianten überstehen. Aber ungefähr sechs Wochen nach Ihrer Rückkehr haben Sie etwa die gleichen Verhältnisse wieder, wie sie vorher durchschnittlich bei Ihnen üblich waren.

Nichts gegen Nachbarschaftshilfe, aber soviel Schaden, wie durch gutgemeinte und überdosierte Futtergaben angerichtet wird, haben Sie nicht zu beklagen, wenn Sie das Aquarium für drei Wochen sich selbst überlassen. Sie können beliebig oft Futterportionen demonstrieren, es wird immer weitaus mehr gefüttert mit der Begründung, daß die »armen Fische« doch dauernd zur Scheibe gekommen wären und um Futter gebettelt hätten. Zum Schluß gibt es noch Krach, weil die Nachbarn es doch gut gemeint hatten und Sie verstimmt über die eingetretenen Verluste sind. Bei 18 °C verhungert kein Fisch in einem gut bepflanzten Becken innerhalb von drei Wochen, sofern er vorher gesund war und über Reserven verfügte.

Falls aber für Sie der Idealzustand zutrifft, und Sie einen bewanderten Pfleger gefunden haben, machen Sie ihm die Pflegearbeiten so leicht wie möglich! Zeigen Sie ihm, bei welchem Fingersatz der anzuhebende Beleuchtungskasten *nicht* zu Boden oder ins Aquarium fällt! Entwirren Sie die Vielfalt der elektrischen Zuleitungen oder kleben Sie kleine Zettelchen an die Drähte, damit er weiß, daß der betreffende Stecker das sechste Becken in der Stellage links unten aufheizt und nicht etwa das dritte rechts oben! Bringen Sie auch Ihre Deckscheiben so unkompliziert an, daß sie nicht bei der leisesten Berührung schräg ins Aquarium hineinfahren und den Pflanzenwuchs niedermähen! Legen Sie die notwendigen Geräte übersichtlich zurecht, machen Sie ihm vor, wie Sie Wasser wechseln, ohne daß der darunter wohnende Nachbar plötzlich klingelt und sich nach einer auslaufenden Badewanne erkundigt. Halten Sie auch Leuchtstofflampen oder Glühlampen vorrätig, um Ihrem Freund Zukäufe zu ersparen. Am besten ist es, Sie übernehmen selbst einmal die Pflege einiger Aquarien während der Abwesenheit deren Besitzer. Sie werden staunen! Keinesfalls aber ist ein Aquarium ein Grund, jahrelang vielleicht nicht in den Urlaub zu fahren. Oder, anders herum, wenn der bevorstehende Urlaub der einzige Grund war, daß Sie sich noch kein Aquarium angeschafft haben, so tun Sie's endlich!

Bildquellen

Fotos: Rodemann 1, 6, 7, 8, 9, 10, 12, 15, 16, (9); Hertel 2, 4, 13, 17, 18 (5); Schöpfel 3, 14 (2); Zukal 5, 11, 28, 34 (4); Tschertner 19 (1); Quitschau 20, 21, 22, 23, 24, 25, 26, 27, 29, 30, 31, 32, 33, 35, 36 (15).

Register